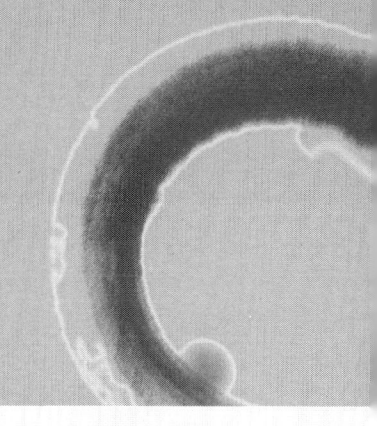

現代數學方法在序列數據處理與解釋中的應用

劉誠 著

作者簡介

劉誠（1982年7月—），男，四川農業大學講師。長期從事非線性數學方法、非線性數據處理、人工智能和模式識別方面的研究工作。發表學術論文近20篇，主持、主研科研項目8項，編寫教材2部。

序

  數學是科學研究的重要工具。隨著數學方法研究的深入化和應用領域的廣泛化，科學研究從定性分析向定量分析的轉變已成必然趨勢，數學的用量已逐漸成為衡量研究價值的指標之一。本書是作者根據自己多年的學習和研究，分別從地學、生物學、經濟學三個方面出發，系統地介紹了幾個常用的重要的現代數學方法以及它們在序列數據處理與解釋中的應用。

  本書從工程應用角度出發，將現代數學方法和傳統數據處理方法相結合，簡明扼要地介紹了現代數學方法在序列數據處理與解釋中的應用。全書共五章，主要內容有：現代數學方法與研究背景介紹，現代數學方法在處理地學、生物學、經濟學中序列數據的原理和方法，包括儲層物性參數預測、人工地震多次波分離、小麥條鏽病預測、胎兒體重預測、生物醫學信號降噪、經濟時序數據降噪和經濟預測等。

  作為人工智能算法的典型代表，神經網絡經過60年的發展，現已有超過40種的網絡算法，其中包括BP網絡、自組織映射、Hopfield網絡、波爾茲曼機、適應諧振理論等非常典型和常用的算法。這些方法被廣泛應用於自動控製、最優化、模式識別、圖像處理、醫療等領域。獨立分量分析是由盲源分離技術發展來的一種新的多維數據處理方法。它是從序列數據的高階統計特性出發，提取其中的獨立成分，從而達到對信號分解的目的。它作為新興算法，雖然發展時間短，但其取得的成績卻是不容忽視的。新的算法不斷被提出，模型也開始向非線性發展，應用領域也在不斷擴大。中國在這方面起步雖然較晚，但在應用方面卻取得了不錯的成果。發展近20年，支持向量機因在解決小樣本、非線性及高維模式識別等問題中表現出許多特有的優勢，能夠有效避免經典學習方法中出現的過學習、欠學習、「維數災難」以及陷入局部極小點等諸多問題，被廣泛應用於模式識別、迴歸估計和概率密度函數估計等領域。灰色系統由鄧聚龍於1982年提出，到現在已30餘年。它在處理貧信息建模和預測方面展示了獨特優勢，尤其為國民經濟的發展做出了很大貢獻。聚類分析作為傳統的數據處理方法，其應用仍然經久不衰，一直在數據處理領域體現著應用價值。

地質條件的高度非線性，勘探手段的高度複雜化，勘探領域的深度化和廣度化，使得勘探數據中大量有效信息難以被發現和提取。儲層評價仍是油氣勘探的一個重要方面。地震勘探中對多次波的研究不僅沒有消退，反而更加深入。因此對現代數學方法進行研究，並將其引入到油氣勘探中具有非常重要的現實意義。

作物病蟲害嚴重影響到中國糧食的安全和品質，因此對小麥條銹病發病率的精確預測具有重要意義。它不僅可以有效預防和控製小麥條銹病的發生，還可以提高農業生產中的管理水平，發展精準農業，減少病害損失，提高農產品的產量和品質。

生物醫學信號中關鍵信息的提取，是臨床醫學中重要的研究內容。胎兒體重的精確預測，對產科的產前護理、分娩方式的選擇、減少產科併發症，具有十分重要的意義。提高心電信號的分辨率，對於特徵信號的提取，病情的分析和診斷，有著重要的實際意義。

經濟分析和經濟預測的定量化分析，已成為經濟研究的重要內容。如何對經濟數據進行降噪，如何進行高精度的經濟預測，對於經濟決策至關重要。

　　現代數學方法是一門旨在應用的科學。本書略去了繁瑣的數學推導和背景情況介紹，直接利用實例來闡述相關數學方法的基本概念及應用方法和分析技術，對要解決的關鍵性理論和實際問題分析透澈。本書在每一章節，都分別針對某一問題，利用相關數學方法，解決其中的關鍵問題。一些研究成果具有開創性和先進性，這些成果均是著者長期研究的累積。本書內容充實，觀點鮮明，論述簡明扼要，具有廣泛的參考價值，可作為相關專業工程技術人員的參考用書。應當指出，由於著者水平有限，本書缺點錯誤在所難免，不妥之處望廣大讀者批評指正。

　　本書獲國家自然科學基金項目「基於機場場面非視距信道建模的 MLAT 定位算法研究」（項目編號：U1433129）支持。

劉　誠

2014 年 12 月

目　錄

1　緒論 / 1

　1.1　現代數學方法研究綜述 / 2

　　1.1.1　人工神經網絡 / 2

　　1.1.2　獨立分量分析 / 5

　　1.1.3　支持向量機 / 7

　　1.1.4　灰色系統分析 / 8

　　1.1.5　聚類分析 / 9

　1.2　研究背景綜述 / 11

　　1.2.1　測井和地震數據的處理與解釋 / 11

　　1.2.2　植物病蟲害預測及生物醫學信號降噪 / 15

　　1.2.3　經濟時序數據降噪與股票分析 / 18

　1.3　研究內容與結構安排 / 20

2　現代數學方法在地學序列數據處理中的應用 / 22

　2.1　BP神經網絡在測井數據解釋中的應用 / 22

　　2.1.1　BP網絡算法原理 / 22

　　2.1.2　儲層物性參數預測 / 31

　　2.1.3　實際預測及效果分析 / 36

  2.1.4 結論與討論 / 48
2.2 盲信號處理在地震信號降噪中的應用 / 48
  2.2.1 研究背景 / 48
  2.2.2 獨立分量分析的算法原理 / 50
  2.2.3 地震信號多次波分離技術 / 64
  2.2.4 基於獨立分量分析的多次波盲分離技術 / 74
  2.2.5 多次波盲分離仿真試驗 / 92
  2.2.6 結論與討論 / 103

3 現代數學方法在生物序列數據處理中的應用 / 106
3.1 相空間重構和支持向量機在小麥條銹病預測中的應用 / 106
  3.1.1 研究背景 / 106
  3.1.2 LSSVM 模型預測小麥條銹病發病率 / 107
  3.1.3 PSR-LSSVM 模型預測小麥條銹病發病率 / 112
  3.1.4 LSSVM 和 PSR-LSSVM 預測模型對比 / 119
  3.1.5 結果分析及討論 / 121
3.2 神經網絡在胎兒體重預測中的應用 / 121
  3.2.1 研究背景 / 121
  3.2.2 預測參數選擇與數據來源 / 122
  3.2.3 BP 人工神經網絡模型預測胎兒體重 / 123
  3.2.4 傳統迴歸預測模型對比 / 132
  3.2.5 結論與討論 / 137
3.3 獨立分量分析在生物醫學信號增強中的應用 / 138
  3.3.1 研究背景 / 138

3.3.2 研究方法與原理 / 139
　　　3.3.3 利用 FastICA 增強心電信號 / 142
　　　3.3.4 結果分析 / 146

4 現代數學方法在經濟序列數據處理中的應用 / 148
　4.1 獨立分量分析在經濟時序數據降噪中的應用 / 148
　　　4.1.1 研究背景 / 148
　　　4.1.2 基於 ICA 噪聲消除技術 / 149
　　　4.1.3 仿真與實證分析 / 152
　　　4.1.4 結論與討論 / 155
　4.2 灰色系統在震後農民增收分析中的應用 / 155
　　　4.2.1 研究背景 / 155
　　　4.2.2 數據收集與整理 / 155
　　　4.2.3 GM（1，1）時序預測模型的建立 / 158
　　　4.2.4 震後農民收入評估 / 159
　　　4.2.5 結論與討論 / 162
　4.3 系統聚類法在股票分析中的應用 / 163
　　　4.3.1 研究背景 / 163
　　　4.3.2 算法原理 / 164
　　　4.3.3 數據預處理 / 165
　　　4.3.4 結果分析與討論 / 168
　　　4.3.5 結論與討論 / 175

5 研究總結與展望 / 176

參考文獻 / 180

附錄 / 195

1 緒論

　　數學是科學研究的重要工具，序列數據處理作為科學研究中數據處理最為常見的模式，更離不開數學。最近半個多世紀，湧現出了大量的現代數學方法，這些方法被廣泛應用到各個科學領域。本書是作者多年來學習和研究的成果，分別從地學、生物（醫）學、經濟學三個領域出發，著重闡述了幾個常用的重要的現代數學方法在序列數據處理與解釋中的應用，目的在於總結和拋磚引玉。本書附錄中給出了書中部分主要算法的 Matlab 源程序。

　　本章的主要內容有：

　　（1）對幾個常用現代數學方法進行綜述，包括人工神經網絡、獨立分量分析、支持向量機、灰色系統、聚類分析等，介紹這些方法的原理，簡述研究進展，總結方法的特點和改進的方向。

　　（2）介紹本書的研究背景，主要包括：①測井空間序列數據的預測與反演，人工地震時間序列數據的處理與解釋；②農業病蟲害時間序列數據處理與預測，生物醫學信號的降噪處理與分辨率提高；③經濟時間序列數據的降噪處理，股票序列數據的處理與分類分析。

　　（3）本書的主要研究內容與結構安排。

1.1 現代數學方法研究綜述

1.1.1 人工神經網絡

人工神經網絡模型（ANN，the Artificial Neural Network）於20世紀50年代由心理學家 W. S. 麥克洛克（W. S. McCulloch）和數理邏輯學家 W. 皮特（W. Pitts）建立。作為一種人工智能算法，經過半個多世紀的發展，人工神經網絡以其自學習、聯想存儲和高速尋優的特點，取得了很大的發展和應用，在智能算法領域已具有舉足輕重的作用。它目前已有超過40種的網絡算法，其中包括 BP 網絡、自組織映射、Hopfield 網絡、波爾茲曼機、適應諧振理論等非常典型和常用的算法。其應用也涉及各個領域，包括自動控制、最優化、模式識別、圖像處理、機器控制、醫療等。

BP 網絡是眾多算法中使用率較高的一種，它屬於多層前饋型網絡。其基本思想是，學習過程由信號的正向傳播和誤差的反向傳播兩個過程組成。正向傳播時，輸入樣本從輸入層傳入，經各隱層逐層處理後，傳向輸出層。若輸出層的輸出與期望輸出（導師信號）不符，則轉入誤差的反向傳播階段。誤差反傳是將輸出誤差以某種形式通過隱層向輸入層逐層反傳，並將誤差分攤給各層的所有單元，從而獲得各層的誤差信號，此誤差信號即作為修正各單元權值的依據。此過程一直進行到網絡輸出的誤差減少到可以接受的程度，或進行到預先設定的學習次數為止。BP 網絡的拓撲結構如圖 1.1 所示。

理論上可以證明，將 BP 算法用於具有非線性轉移函數的三層前饋網，可以以任意精度逼近任何非線性函數。然而標準的

BP 算法在應用中暴露出不少的缺陷：

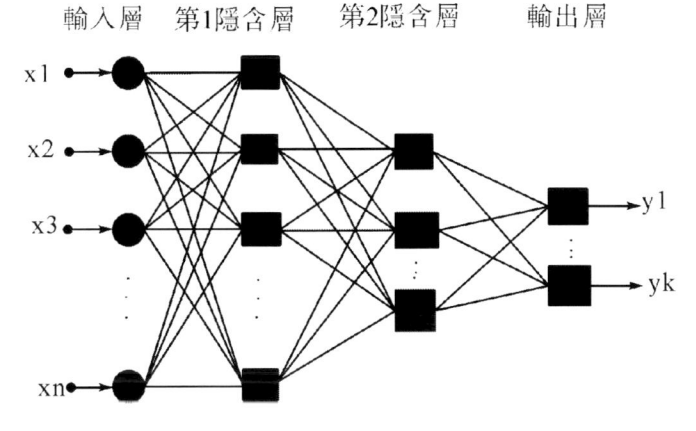

輸入層　第1隱含層　第2隱含層　　輸出層

圖 1.1　多層前饋神經網路

（1）易形成局部最小而得不到全局最優。
（2）訓練次數多使得學習效率低，收斂速度慢。
（3）隱節點的選取缺乏理論指導。
（4）訓練時學習新樣本有遺忘舊樣本的趨勢。

針對以上問題，國內外已經提出不少有效的改進算法，以下幾種是常用的改進算法：

1. 增加動量項[3]

一些學者提出，標準 BP 算法在調節權值時，只按 t 時刻誤差的梯度下降方向調整，沒有考慮 t 時刻以前的梯度方向，從而使得訓練過程發生振盪，收斂減慢。為了提高網絡的收斂速度，可以在權值調整公式中增加一動量項，即：

$$\Delta W(t) = \eta \delta X + \alpha \Delta W(t-1) \qquad (1.1)$$

可以看出，增加動量項即從前一次權值調整量中取出一部分加到本次權值調整量中，α 稱為動量係數，一般有 $\alpha \in (0,1)$，動量項反應了以前累積的調整經驗，對於 t 時刻的調整起阻尼作用。當誤差曲面出現驟然起伏時，可以減少振盪趨勢，提高訓練速度。

2. 自適應調節學習率[3]

學習率 η 也稱為步長，在標準 BP 算法中定為常數，然而在實際應用中，很難確定一個從始至終都合適的最佳學習率。為了加快收斂速度，一個較好的思路就是自適應改變學習率，使其該大時增大，該小時減小。

通常，設一初始學習率，若經過一批次權值調整後使總誤差 $E_{總}$ 增加，則本次調整無效，且 $\eta = \beta\eta(\beta < 0)$；若經過一批次權值調整後使總誤差 $E_{總}$ 減少，則本次調整有效，且 $\eta = \theta\eta(\theta > 0)$。

3. 隱節點調整的基本思想

首先，我們根據學習樣本的容量選取較少數目的隱節點，組成網絡進行學習訓練，根據參數預測的具體情況，選擇了每間隔 150 次迭代，來考察誤差 E 的變化是否滿足：

$$\Delta E = \left| \frac{E_{150 \cdot i} - E_{150 \cdot (i-1)}}{E_{150 \cdot i}} \right| < \varepsilon \quad (1.2)$$

式中：ε 為預定的誤差，其值為 0.1.

若滿足則網絡繼續訓練，否則網絡增加若干隱節點，然後繼續訓練網絡，直到滿足網絡精度要求或者隱節點數超過某一上限為止，實驗統計顯示上限值為樣本數的兩倍。我們採用隨機賦值的方法對新增的隱節點賦以初始權值。網絡訓練完成後，將多余節點刪除。

4. 調整誤差優化方法

傳統的 BP 網絡，其誤差函數是通過牛頓法來進行優化的，實際上我們可以選用其他更好的優化算法，來提高整個網絡的尋優速度，同時提高求解全局最優解的能力。

1.1.2 獨立分量分析

獨立分量分析[25]（ICA，Independent Component Analysis）是近年來由盲源分離技術（BSS，Blind Source Separation）發展而來的一種新的多維信號處理方法，其基本思路是將多維觀察信號按照統計獨立的原則建立目標函數，通過優化算法將觀測信號分解為若干獨立成分，從而幫助實現信號的增強和分析。ICA從多維觀測數據的高階統計特性出發，提取其中的獨立成分，從而使得分解結果更具實際意義。與傳統的二階空間去相關技術[26][27][28]相比，ICA不僅可以去除各分量之間的一階、二階相關性，同時還具有發掘並去除數據間的高階相關信息的能力，使得輸出分量之間相互獨立。因此ICA可以被看作二階空間去相關技術的一種擴展。

ICA的發展經過了一個曲折的過程。1986年，在還沒有出現ICA這一名字之前，西班牙學者珍妮·埃羅（Jeanny Herault）和克里斯汀·朱德（Christian Juten）在美國猶他州舉行的一次關於神經網絡計算的會議上發表了名為《神經網絡模型的空時自適應信號處理》[29]的論文。他們在論文中建立了一種基於神經網絡和Hebb學習規則的新的計算方法，使用這種方法可以實現獨立信號混合的盲分離。這是最早的獨立分量分析技術的雛形。而在隨後的很長一段時間內，ICA的研究基本上只限於法國。直到1994年，法國學者P.科蒙（P. Comon）才比較系統地闡述了ICA的概念並構造出了一種基於高階統計量的目標函數[30]。1995年，A. J. 貝爾（A. J. Bell）和T. J. 索諾斯基（T. J. Sejnowski）從信息論的角度說明了盲源分離問題，並且證明了神經網絡輸出信息熵的最大化就意味著輸入和輸出之間的互信息最小化；同時，他們還使用隨機梯度下降學習算法，構造了熵的最大化實現，這就是通常所稱的信息最大化ICA算法

(Infomax)[31]。雖然這一方法只對處理超高斯信號有效，但它在當時還是產生了很大的影響，從此ICA的發展逐漸加快。1997年，S. I. 阿馬里（S. I. Amari）進一步證實，使用自然梯度的Infomax算法可以使算法的計算量減小，並說明了它和最大似然法間的聯繫[32]。1998年，李泰源（Te-Won Lee）通過和馬克·基洛拉米（Mark Girolami）等人的合作對Infomax ICA方法做了擴展，使它可以用來處理一般的非高斯信號[33]，包括超高斯信號和欠高斯信號。隨後A. 於瓦里寧（A. Hyvarinen）和E. 奧亞（E. Oja）提出了一種名為快速ICA的固定點算法[34]。這種算法計算簡單且有很好的收斂性質，它極大地促進了ICA在各種領域的實際應用研究。

ICA的應用範圍非常廣泛，並有進一步擴大的勢頭。ICA的應用首先是從對生物醫學信號的處理開始的。1996年，馬克格（Makeig）等人使用Infomax算法對EEG和ERP數據進行了處理[35]，實驗顯示這種算法有一定效果。隨後ICA的應用又擴展到圖像處理、語音信號處理方面。近年來，隨著人們研究的不斷深入，ICA在數據壓縮、圖像處理、模式識別、通信以及經濟等領域的研究成果[36][37][38]也越來越多。

ICA發展的時間雖然很短，但其取得的成績卻是不容忽視的。在理論方面，新的算法不斷被提出，ICA模型也從開始的線性模型向非線性模型發展[39]。在實際應用方面，其範圍也在不斷擴大，並且隨著一些新算法的出現，其應用研究也逐漸從理想條件下的研究向更加實用的方面發展。從目前國際上的發展情況來看，美國、法國、芬蘭、日本在ICA方面的研究處於領先地位。中國在ICA方面的研究起步比較晚，且其研究主要集中在應用上，特別是在生物醫學方面的應用研究。最近幾年，不少學者專家將ICA應用到地學上，也取得不小的成績。其中主要體現在對地震資料進行分解識別[40]、對地震災害系統中聲波/振動信號進行分離[41][42]、地震數據去噪[43][44][45][46]，另外 ICA 在地震信號多次波壓制應用中也取得了初步成績，但是仍然有許多需要改進和進一步完善的地方[47][48][49]。

1.1.3 支持向量機

支持向量機（SVM，Support Vector Machine）是科爾特斯（Cortes）和萬普尼克（Vapnik）在 1995 年最先提出的。它建立在統計學習理論和結構風險最小化原理的基礎上，通過尋求結構化風險最小化來提高學習機泛化能力，以實現經驗風險和置信範圍的最小化，從而達到在統計樣本量較少的情況下，亦能獲得良好統計規律的目的。

支持向量機通過控製超平面的間隔度量來抑制過擬合；通過採用核函數巧妙地解決維數問題以降低運算量。因此 SVM 在解決小樣本、非線性及高維模式識別等問題中表現出許多特有的優勢，能夠有效避免經典學習方法中出現的過學習、欠學習、「維數災難」以及陷入局部極小點等諸多問題，被廣泛應用於模式識別、迴歸估計和概率密度函數估計等領域。

支持向量機有如下幾個特點：

（1）非線性映射是 SVM 方法的理論基礎，SVM 利用內積核函數代替向高維空間的非線性映射。

（2）對特徵空間劃分的最優超平面是 SVM 的目標，最大化分類邊際的思想是 SVM 方法的核心。

（3）支持向量是 SVM 的訓練結果，是在 SVM 分類決策中起決定作用的支持向量。

（4）SVM 是一種有堅實理論基礎的新穎的小樣本學習方法。它基本上不涉及概率測試及大數定律等，因此不同於現有的統計方法。從本質上看，它避開了從歸納到演繹的傳統過程，實現了高效的從訓練樣本到預報樣本的「轉導推理」，大大簡化了通常的分類和迴歸等問題。

（5）SVM的最終決策函數只由少數的支持向量所確定，計算的複雜性取決於支持向量的數目，而不是樣本空間的維數，從而避免了「維數災難」。

（6）少數支持向量決定了最終結果，可以幫助我們抓住關鍵樣本、「剔除」大量冗餘樣本，這注定了該方法不但算法簡單，而且具有較好的「魯棒」性。SVM的「魯棒」性主要體現在以下幾個方面：

①增、刪非支持向量樣本對模型沒有影響。

②支持向量樣本集具有一定的魯棒性。

雖然支持向量機有以上諸多優點，但這種算法也存在著一定的缺陷，如針對大規模訓練樣本難以實施，並且在求解上花費的訓練時間較長等。最小二乘支持向量機是支持向量機學習算法的重要擴展，用於解決傳統SVM算法在應用於大規模訓練樣本和求解困難等方面的缺點。與傳統SVM相比，LSSVM主要是通過引入最小二乘線性系統到傳統的SVM中，從而將原來的不等式約束變成等式約束，並且將解二次規劃變為解一組等式方程，從而提高模型的求解速度。同時就傳統SVM常用的ε-不敏感損失函數而言，LSSVM則不再需要指定逼近精度ε，這也使得LSSVM更容易理解和操作。

1.1.4 灰色系統分析

灰色系統（GS，Gray System）是鄧聚龍在1981年提出的，是以信息不完全的系統為研究對象，運用特定的方法描述信息不完全的系統並進行預測、決策、控制的一種系統理論。它通過對「部分」已知信息的生成、開發，提取有價值的信息，實現對系統運行行為、演化規律的正確描述和有效監控。灰色系統是以「灰色朦朧集」為基礎的理論體系，以灰色關聯空間為依託的分析體系，以灰色序列生成為基礎的方法體系，以灰色模型（G，M）為核心的模型體系，以系統分析、評估、建模、預測、決策、控製、優化為主體的技術體系。

灰色 GM（1，1）模型是灰色系統理論的主要內容之一。該模型是一種時間序列預測模型，它能根據少量信息建模和預測，因而已得到廣泛應用。但是 GM（1，1）模型在許多情況下預測精度並不高，即使擬合純指數序列也得不到滿意的結果，因此一些學者對其進行了研究。劉思峰研究了 GM（1，1）模型的適用範圍，謝乃明提出了離散 GM（1，1）模型，李大軍提出了 GM（1，1）模型，每一種研究對於提高灰色預測模型的精度都有一定的意義。

1.1.5 聚類分析

近幾年來，模式識別技術在許多領域已得到或正得到卓有成效的應用。它所研究的理論和方法在許多科學和技術領域中得到了廣泛的重視，推動了人工智能系統的發展，擴大了計算機應用的可能性。聚類分析是非監督模式識別的重要分支，在模式識別、數據挖掘、計算機視覺以及模糊控製等領域具有廣泛的應用，也是近年來得到迅速發展的一個研究熱點。

從統計學的觀點看，聚類分析是通過數據建模簡化數據的一種方法。傳統的統計聚類分析方法包括系統聚類法、分解法、加入法、動態聚類法、有序樣品聚類、有重疊聚類和模糊聚類等。採用 k - 均值、k - 中心點等算法的聚類分析工具已被加入許多著名的統計分析軟件包中，如 SPSS、SAS 等。

從機器學習的角度講，簇相當於隱藏模式。聚類是搜索簇的無監督學習過程。與分類不同，無監督學習不依賴預先定義的類或帶類標記的訓練實例，需要由聚類學習算法自動確定標記，而分類學習的實例或數據對象有類別標記。聚類是觀察式學習，而不是示例式的學習。

　　從實際應用的角度看，聚類分析是數據挖掘的主要任務之一。而且聚類能夠作為一個獨立的工具獲得數據的分佈狀況，觀察每一簇數據的特徵，集中對特定的聚簇集合做進一步分析。聚類分析還可以作為其他算法（如分類和定性歸納算法）的預處理步驟。

　　聚類分析不僅可以用於樣本聚類，還可以用於變量聚類，就是對 m 個指標進行聚類。因為有時指標太多，不能全部考慮，需要提取出主要因素，而往往指標之間又有很多相關聯的地方，所以可以先對變量聚類，然後從每一類中選取出一個代表型的指標。這樣就大大減少了指標的數量，並且沒有造成巨大的信息丟失。

　　聚類分析是研究「物以類聚」的一種科學有效的方法。做聚類分析時，出於不同的目的和要求，我們可以選擇不同的統計量和聚類方法。

　　系統聚類是目前應用最為廣泛的一種聚類方法，其基本思想是：先將待聚類的 n 個樣品（或者變量）各自看成一類，共有 n 類；然後按照實現選定的方法計算每兩類之間的聚類統計量，即某種距離（或者相似系數），將關係最為密切的兩類合為一類，其餘不變，即得到 $n-1$ 類；再按照前面的計算方法計算新類與其他類之間的距離（或相似系數），再將關係最為密切的兩類並為一類，其餘不變，即得到 $n-2$ 類；如此下去，每次重複都減少一類，直到最後所有的樣品（或者變量）都歸為一類為止。

1.2　研究背景綜述

1.2.1　測井和地震數據的處理與解釋

1. 測井儲層預測

油氣儲層預測及評價是油氣勘探、開發中油（氣）藏描述研究的一個重要方面。當今，隨著石油勘探領域不斷地向深度和廣度發展，油氣勘探活動越來越複雜，相應的勘探水平也在不斷地提高。面對簡單的構造圈閉越來越難以發現的勘探現狀，以及不斷要求提高鑽探成功率、提高經濟效益的實際需要，如何有效地利用新的技術手段和思路，發現和科學地預測各種類型的圈閉和油氣富存狀態，對於指導油氣勘探和開發具有十分重要的實際意義，並普遍受到人們的關注。而油氣儲層預測及評價可以為確定最佳井位、減少油氣勘探風險、準確評估油氣儲量、明確合理開發方案、提高油氣採收率等提供極為重要的決策依據。

概括起來，儲層預測的主要內容包括：研究儲層的分佈、連續性及橫向變化；研究儲層的空間位置和頂面構造形態；研究儲層的物性參數（孔隙度和非均質性）；研究儲層內流體及其分佈，並對其含油性進行評價。

長期以來，儲層特性的均質性、對地球物理傳統的測井理論都是研究線性的均質測井理論。即地層被看成均質的，測井對地層的回應是線性的，形成了一套被認為是十分完善的測井解釋模型、方法和解釋程序。雖然這些方法技術為油氣勘探做出過巨大的貢獻，但長期實踐證明，這套解釋技術存在著不少問題，解釋結果常常不盡如人意。當前為了要開發新的油氣藏，各種複雜油氣藏的勘探環境又日益惡劣，面對愈來愈複雜的地下條件及越來越高的精度要求，傳統的儲層物性參數預測方法、理論的不適應性和矛盾暴露得越來越明顯。

由於傳統的測井解釋技術所暴露出的矛盾和不足，在實際生產實踐和應用中，除少數簡單地層外，大部分地層的測井解釋結果均與地層的真實情況，如岩心分析數據和地層測試結果相差較遠。造成這種不一致的原因，很多人認為是解釋模型不合適、分析程序不完善或參數選擇不合理等，而很少從解釋方法的根本理論上提出質疑。於是，許多研究者圍繞這些問題投入了大量的研究精力，一方面，這些研究對於深入認識地層和如實反應地層特性有著積極作用，也在一定程度上改善瞭解釋效果；但在另一方面，不少模型和算法由於過多的假設和複雜的演繹推理而簡化或掩蓋了研究對象複雜的內在實質，實踐證明其效果並不理想。這也是長期以來測井解釋成果，特別是飽和度和滲透率數據不能應用到油田地質分析中的根本原因。

大量的勘探實踐、理論和實驗的研究越來越多地證實了地下儲層的非均質性和測井對儲層特性回應的非線性。我們認為，從非線性測井回應中提取非均質性地層儲層特性，是當今前沿研究課題，只有使用和發展非線性的預測方法來揭示其非均質特性，表徵出儲層縱橫向上的規律，才能提高儲層描述的精度和可靠性，最大限度地挖掘利用已有的測井信息，適應複雜儲層評價和複雜油氣藏勘探開發的要求。

神經網絡作為解決複雜非線性映射問題的有效手段，用於解決各種測井解釋問題無疑是非常適用的。通過對簡單的非線性函數進行幾次複合，便可實現複雜函數關係的轉換。加之神經網絡具有較完善的學習功能、自適應能力、聯想記憶能力以及獨特的信息處理方式，因此在測井定量解釋中，不需要事先建立任何測井回應方程或提供經驗公式，可以避免解釋過程中參數選取的人為因素，為測井解釋開闢了一條新途徑。但實踐發現，神經網絡應用到測井解釋中也存在不少的問題。因此不少研究者致力於更深入細緻的研究，取得了較好的研究成果。下面是幾種研究傾向[5]：

（1）改進學習算法。改進網絡的學習算法，實現全局最優是解決網絡精度的重要途徑。該算法在常規 BP 算法的基礎上引入了模擬退火算法、遺傳算法以及模擬退火結合遺傳算法的混合算法等。通過算法的改進，明顯提高了收斂速度，而且能避免陷入局部極小達到全局優化，使網絡模型的精度極大地提高。

（2）優化網絡結構。常規的三層網絡並不適用於解決複雜的地質問題。隨著測井解釋對象的複雜性，應採用相應複雜的網絡結構，如四層、五層網絡結構等。另外，對於中間層神經元數的難確定性，採用了自構型神經網絡。

（3）擴大樣本規模。面對待預測的大量未知數據，用少量學習樣本建立的模型很難做出全面的預測。因此，研究主張從實際分析的已知數據中選取盡可能多的學習樣本，使之能包括待預測數據中各種可能的情況，以增強網絡的預測能力。

（4）採用模糊神經網絡或神經網絡專家系統。基於求解實際問題的模糊性，可通過不同結合方式將模糊理論與神經網絡結合起來，以提高整個系統的學習能力和表達能力；或者再引入專家系統，結合專家的知識決策，達到更佳的效果。

2. 地震信號多次波壓制

多次波問題一直被人們所關注[26]，自 20 世紀 50 年代以來，世界上產生了許多壓制多次波的處理方法。預測反褶積是較早被運用的一種方法，它是利用相關函數從初始到達的有效反射預測出多次波（Robinson，1957）。對於簡單一維空間介質模型，預測反褶積是比較成功的，但是對於複雜介質情況，其效果就大大減弱了。

自由界面多次波和內部多次波的概念是在 20 世紀 70 年代晚期提出的[27][28]。肯尼特（Kennett，1979）提出了一維空間自由界面多次波模擬方法及反演方案。由於該方法對數據採集方式和地下介質做了太多的簡化和假設，所以在實際應用中效果並不好。萊利（Riley）和克拉爾布特（Claerbout，1976）提出了二維空間自由界面多次波模擬算法，但沒能獲得合適的反演方法。費斯徹（Verschuur，1991）利用能量最小準則消除了與自由界面有關的多次波，並成功地估算出了逆源子波[29][30]。韋格萊恩（Weglein，1994）用反散射級數法實現了消除自由界面多次波和內部多次波[31]。從 1936 年的第一卷《地球物理學》（Goephysics）上發表的關於多次波處理的論文到現在，幾乎每期雜誌都或多或少涉及多次波問題。1999 年，美國勘探地球物理學會（SEG）在《勘探前沿》（The Leading Edge）雜誌上特意出版了關於多次波的專集：The New World of Multiple Attenuation。

就目前的趨勢來看，研究者對多次波的研究不但沒有消退，反而更加深入、更加透澈。在深度成像技術的發展，在油氣勘探地質情況越來越複雜、勘探成本越來越高、勘探風險越來越大的情況下，地震信號處理技術被迫不斷發展，各種各樣的新方法、新思路被發展起來消除多次波。

當今，國外對多次波壓制的研究動向主要有如下幾個特點：

（1）基於波動理論的多次波壓制技術已成為主流。

（2）基於波動理論的消除多次波的方法大致分為兩類：一是反饋環方法，即 Delft 方法或 SRMA（Surface Related Multiple Attenuation）算法，以荷蘭的代爾夫特（Delft）大學的 A. J. 伯克奧特（A. J. Berkhout）和 D. J. 費斯徹（D. J. Verschuur）為代表；二是反散射方法，以亞瑟·B. 韋格萊恩（Arthur B. Weglein）為代表。

（3）與自由界面有關的多次波預測取得了突破性進展，目前已開始向內部多次波的預測和消除推進。

（4）三維問題及簡化方法的研究。

國內對多次波壓制的研究現狀：多次波問題在中國海洋地震勘探中相當嚴重，陸地上在深層勘探時也會遇到多次波問題。雖然目前已有許多方法對其進行處理，但是效果往往不太理想。國內目前在解決多次波問題時，大多還在沿用比較陳舊的方法。

因此，對現代數學和信號處理中的新方法進行研究，並將其引入地震勘探領域運用是非常有現實意義和發展前景的。

1.2.2 植物病蟲害預測及生物醫學信號降噪

1. 病蟲害預測

小麥條鏽病是由條形柄鏽菌所引起的一種重要的葉部氣傳真菌病害，是世界各小麥主產國最主要的病害之一，也是長期影響中國小麥安全生產的嚴重生物災害之一，在中國的流行區域主要是四川、甘肅、重慶、雲南、貴州等地。

小麥條鏽病是一種低溫性病害，一般來說小麥條鏽病菌孢子發芽和侵入必須有水分。因此，結霜、多霧、降雨、澆水等，特別是較長時間的持續陰雨天氣，都易造成條鏽病的發生和流行。近年來成都平原的氣候不斷變暖，秋季多雨，冬季多霧、露等都為小麥條鏽病的發生和流行提供了條件，使得成都市的小麥條鏽病多次發生，且危害嚴重，在流行年份導致成都市小麥減產10%~20%，特大流行年份減產高達60%，最嚴重的甚至可以導致小麥絕收。

正是由於小麥條鏽病對糧食安全和品質造成了巨大的危害，因此預測小麥條鏽病的發病率具有重要意義。它不僅可以有效預防和控製小麥條鏽病的發生；還可以提高農業生產中的管理水平，發展精準農業，減少病害損失，提高農產品的產量和品質。

　　為使對該病害預報準確及時並適時防治，控製其危害範圍，人們過去廣泛適用了特爾菲法、相關迴歸預測模型、時間序列模型，到目前為止前人對小麥條銹病的預測模型已經有了大量的研究，但多是以線性分析為基礎的數理統計模型。然而小麥條銹病的發生與流行本身十分複雜，表現出高度的非線性和多時間尺度特性，因此採用傳統的預報模型就不能反應出預測過程中的不確定性和非線性。本書第三章建立了一種相空間重構和最小二乘支持向量機相結合的非線性時間序列預測模型，其適合對小樣本情況下的小麥條銹病進行預測。

　2. 胎兒體重預測

　　胎兒體重是胎兒生長發育的最終直接指標，是估計胎兒宮內生長發育、診斷胎兒發育異常的重要參考資料之一。科學地評估孕婦的受孕狀況，準確地預測與選擇合適的分娩時機和分娩方式對於母嬰的健康甚為重要。

　　一般認為，胎兒是否能順利通過產道，是由產力、產道、胎兒及產婦的精神心理因素之間的相互協調程度決定的。其中，胎兒的大小是一個非常重要的因素。隨著人們生活水平的提高，巨大兒的發生率也在逐年上升，據統計，巨大兒占新生兒的 $5.62\% \sim 6.49\%$。巨大兒在分娩過程中容易發生難產，引起產婦和新生兒的多種併發症。

　　正是由於存在上述種種危險和併發症，很多孕婦擔心胎兒體重偏大造成分娩困難，在未臨產前就選擇剖宮產中止妊娠，造成對自身不必要的手術創傷，增加了剖宮產率。對於胎兒宮內生長受限和合併其他妊娠併發症的孕婦，準確地估計其胎兒體重，也有助於對其的臨床處理進行指導。所以臨產前準確地估計胎兒體重具有重要意義，它可以幫助產科醫生結合其他檢查結果，指導孕婦選擇正確的分娩時機和方式，避免不必要的剖宮產，提高母嬰安全性。

20世紀70年代末期，隨著超聲技術的發展，超聲檢查成為估測胎兒體重的重要手段，從單參數測量到多參數測量，從二維超聲到三維超聲，其準確性不斷提高，但是仍然難以滿足臨床工作的需要，其測量誤差及迴歸公式的本身缺陷導致其估測體重的誤差較大，對於巨大兒和低體重兒的估測誤差更大。雖然有針對巨大兒和低體重兒的估測公式，但仍有待進一步檢驗和改善[117]。因此，尋找一種更加精確的嬰兒體重預測方法，對產科的產前護理，分娩方式的選擇，減少產科併發症，具有十分重要的意義。

3. 生物醫學信號降噪

近年來心臟病仍是威脅人類生命的主要疾病，世界上心臟病的死亡率仍占首位。據統計全世界死亡人數中，死於該疾病的約占三分之一。心血管疾病是最主要疾病之一，在中國因心血管疾病而死亡的約占到死亡人數的40%，可見心臟病已成為危害人類健康的最為常見的疾病。因此如何更加準確而有效地對心臟系統疾病進行防治和診斷是當今醫學界面臨的首要難題。

心電信號是人類最早研究並應用於臨床與醫學的生物電信號之一。心電信號比其他生物電信號更易於檢測，並且具有較直觀的規律性。自1903年心電圖引入醫學臨床以來，無論是在生物醫學方面，還是在工程學方面，心電信號的記錄、處理與診斷技術均得到飛速發展，並累積了相當豐富的資料。心電圖在心臟疾病的臨床診斷中具有重要價值，能為心臟疾病的正確分析、診斷、治療和監護提供客觀指標。它不但廣泛應用於心血管疾病的常規檢查，而且還應用於對運動員、航空航天飛行人員等特殊專業人員的身體素質檢查和臨床醫學研究上，具有十分重要的社會價值和經濟價值，在現代醫學中得到了十分廣泛的應用。

然而，人體的心電信號在採集過程中，由於儀器、人體等內外環境的影響，不能夠避免地混雜了各種干擾信號，如工頻干擾、人工偽跡、基線漂移和肌電干擾等。這些噪聲干擾與心電信號混雜，會引起心電信號的畸變，使心電波形模糊不清，從而影響信號特徵點的識別，難以分析和診斷，因此有效分離各種干擾信號對心電信號處理有著重要的意義[129]。

傳統的生物醫學信號處理技術有 AEV 方法、自適應濾波方法、小波分析方法、人工神經網絡分析方法等。然而傳統信號分析過程中往往假設噪聲是高斯分佈的，信號和噪聲的非高斯分佈特性常常導致在高斯假設下所設計的基於二階統計量的信號分析處理系統性能顯著退化，不能更好地進行研究[130]。本書第三章採用獨立分量分析對混有噪聲的心電信號進行盲源分離。

1.2.3　經濟時序數據降噪與股票分析

股票是一種有價證券，是證券市場重要的交易對象之一。股票市場在經濟方面的作用是非常巨大的。對於國家經濟的發展，股票市場可以廣泛地動員、積聚和集中社會的閒散資金，為國家經濟建設發展服務，擴大生產建設規模，推動經濟的發展，並收到「利用內資不借內債」的效果；可以充分發揮市場機制，促進資金的橫向融通和經濟的橫向聯繫，提高資源配置的總體效率；可以為改革完善中國的企業組織形式提供一條新路子，有利於不斷完善中國的各種企業的組織形式，更好地發揮股份制經濟在中國國民經濟中的作用，促進中國經濟發展；可以促進中國經濟體制改革的深化發展，有利於理順產權關係，使政府和企業能各就其位、各司其職、各用其權、各得其利；可以擴大中國利用外資的渠道和方式，增強對外的吸納能力，有利於更多地利用外資和提高利用外資的經濟效益，收到「用外資而不借外債」的效果。對於股份制企業，股票市場有利於建立和完善其自我約束、自我發展的經營管理機制；有利於股份制企業籌集資金，滿足生產建設的資金需要。而且由於股票投資的無期性，股份制企業對所籌資金不需還本，可以長期使用，有利於股份制企業的經營和擴大生產。對於股票投資者，股票市場可以幫其利用閒散資金來獲得更高的收益，也讓投資者可以隨時將股票出售，收回自己的投資資金。

中國股市的迅速發展壯大是有目共睹的，但是同時我們也意識到股票市場的不利影響。政治、經濟等多方面的因素很容易造成股票市場的劇烈波動。股票市場的風險性是客觀存在的。這種風險性既能給投資者造成經濟損失，也可能對股份制企業以及國家的經濟建設產生一定的副作用。而且很多投資者只注重眼前利益，忽略了長遠投資，缺乏理性的投資態度，持有嚴重的投機心理，隨之便遭受到巨大的經濟損失。我們必須正視這些問題。

聚類就是分析如何對樣品（或變量）進行量化分類的問題，依據研究對象（樣品或指標）的特徵，對其進行分類的方法，減少研究對象的數目，目的是將性質相近的事物歸入一類[142]。近年來聚類分析得到了迅速的發展，被廣泛應用於多個領域，例如被用來對動植物和基因進行分類；通過一個高的平均消費來鑒定汽車保險單持有者的分組；在網上進行文檔歸類來修復信息；對門戶網站的發展水平進行聚類等。聚類分析是建立在基礎分析之上的，立足於對股票基本層面的量化分析，彌補了基礎分析對影響股票價格因素的分析結果大多是定性分析不足的缺點。作為理性的長期投資的參考依據，其目的在於從股票基本特徵決定的內在價值中發掘股票真正的投資價值，而且聚類分析操作性強，得出的結果直觀、實用，適合廣大投資者使用。

同時，任何一只股票走勢都可被看作一個時間序列數據，這些數據中往往存在噪聲干擾，從而降低數據的分辨率，若利用低信噪比的數據來進行經濟分析、建模和決策，勢必影響計算的結果，得出不精確的甚至錯誤的結論。因此，有必要對摻雜了噪聲數據的經濟數據進行降噪處理。

本書第四章第一節利用獨立分量分析對經濟序列數據進行降噪，第二節對萬科 A 等 31 家上市公司股票的每股收益、每股淨資產、淨利潤、每股資本公積金、每股未分利潤、淨資產收益率、淨利潤增長率、資產負債比率、總資產週轉率、主營業務收入增長率這十個指標進行聚類分析。

1.3　研究內容與結構安排

本書主要研究內容有：

（1）利用 BP 神經網絡對測井數據進行處理和解釋。建立物性參數的預測模型，對測井曲線進行歸一化處理，選取樣本對模型進行訓練，實際預測孔隙度和滲透率，並對結果進行分析和討論。

（2）利用盲信號處理方法對人工地震多次波進行盲分離。建立基於 ICA 的地震信號多次波壓制模型，人工合成地震記錄並進行仿真實驗，並對分離結果進行分析和驗證。

（3）利用相空間重構和支持向量機對小麥條銹病進行預測。建立基於 PSR-LSSVM 的小麥條銹病預測模型，並對成都市小麥條銹病進行預測，將預測結果與傳統 LSSVM 模型的預測結果進行對比分析。

（4）利用神經網絡建立胎兒體重的非線性預測模型，進行仿真實驗，並與傳統迴歸預測模型的預測精度進行對比分析。

（5）利用獨立分量分析對生物醫學心電信號進行降噪分析，

建立相應數學模型，並對降噪結果進行分析。

（6）利用盲源分離技術建立一維經濟時序數據噪聲 ICA 盲分離模型，並利用所建模型進行仿真和實證分析。

（7）利用灰色 GM（1，1）模型對地震後農民收入進行預測分析，並對預測結果進行驗證。

（8）利用系統聚類法對股票進行聚類分析，並對聚類結果進行討論。

本書的結構安排為：

第 1 章 緒論

第一節 現代數學方法研究綜述

第二節 研究背景綜述

第三節 研究內容與結構安排

第 2 章 現代數學方法在地學序列數據處理中的應用

第一節 BP 網絡在測井數據解釋中的應用

第二節 盲信號處理在地震信號降噪中的應用

第 3 章 現代數學方法在生物序列數據處理中的應用

第一節 相空間重構和支持向量機在小麥條鏽病預測中的應用

第二節 神經網絡在胎兒體重預測中的應用

第三節 獨立分量分析在生物醫學信號降噪中的應用

第 4 章 現代數學方法在經濟序列數據處理中的應用

第一節 獨立分量分析在經濟時序數據降噪中的應用

第二節 灰色系統在震後農民增收分析中的應用

第三節 系統聚類法在股票分析中的應用

第 5 章 研究總結與展望

2 現代數學方法在地學序列數據處理中的應用

2.1 BP 神經網絡在測井數據解釋中的應用

2.1.1 BP 網絡算法原理

2.1.1.1 BP 算法的數學描述

在圖 1.1 所示的 BP 網絡中，第一層為輸入層，第 Q 層為輸出層，中間各層為隱含層。設第 q 層 ($q = 1, 2, \cdots, Q$) 的神經元個數為 n_q，輸入第 q 層的第 i 個神經元的連接權系數為 $W_{ij}^{(q)}$ ($i = 1, 2, \cdots, n_q; j = 1, 2, \cdots, n_{q-1}$)。該網絡的輸入輸出變換關係為：

$$S_i^{(q)} = \sum_{j=0}^{n_{q-1}} W_{ij}^{(q)} x_i^{q-1} \quad (x_0^{(q-1)} = -1, \ W_{i0}^{(q)} = \theta_i^{(q)}) \tag{2.1}$$

$$x_i^{(q)} = f(S_i^{(q)}) = \frac{1}{1 + e^{-\mu S_i^{(q)}}} \tag{2.2}$$

其中，$i = 1, 2, \cdots, n_q; j = 1, 2, \cdots, n_{q-1}; q = 1, 2, \cdots, Q$。

設給定 P 組輸入輸出樣本：

$\bar{X}_p^{(o)} = [\bar{X}_{p1}^{(o)}, \ \bar{X}_{p2}^{(o)}, \ \cdots, \ \bar{X}_{pn_q}^{(o)}], \ \bar{d}_p = [\bar{d}_{p1}, \ \bar{d}_{p2}, \ \cdots, \ \bar{d}_{pn_q}] (p = 1, 2, \cdots, P)$

設取擬合誤差的代價函數為:

$$E = \frac{1}{2} \sum_{p=1}^{P} \sum_{i=1}^{n_q} (d_{pi} - x_{pi}^{(0)})^2 = \sum_{p=1}^{P} E_p \qquad (2.3)$$

即

$$E_p = \frac{1}{2} \sum_{i=1}^{n_q} (d_{pi} - x_{pi}^{(0)})^2 \qquad (2.4)$$

問題就是如何調整連接權系數 W_{ij} 以使代價目標函數最小。BP 算法採用的是最速下降法來優化計算 W_{ij}。下面給出優化目標函數 E 對尋優參數的一階導數 $\frac{\partial E}{\partial W_{ij}}$ 的推導計算式,這是一階梯度尋優法的關鍵。

對於輸出層,(第 Q 層) 有:

$$\frac{\partial E_p}{\partial W_{ij}^{(Q)}} = \frac{\partial E_p}{\partial X_{pi}^{(Q)}} \frac{\partial X_{pi}^{(Q)}}{\partial S_{pi}^{(Q)}} \frac{\partial S_{pi}^{(Q)}}{\partial W_{ij}^{(Q)}} = -(d_{pi} - x_{pi}^{(0)}) f'(S_{pi}^{(Q)}) x_{pj}^{(Q-1)}$$

$$(2.5)$$

其中:

$$\delta_{pi}^{(Q)} = -\frac{\partial W_p}{\partial S_{pi}^{(Q)}} = (d_{pi} - x_{pi}^{(0)}) f'(S_{pi}^{(Q)}) \qquad (2.6)$$

$X_{pi}^{(Q)}$, $S_{pi}^{(Q)}$ 和 $X_{pj}^{(Q-1)}$ 表示利用第 P 組輸入樣本所算得的結果。

對於第 Q-1 層,有:

$$\frac{\partial E_p}{\partial W_{ij}^{(Q-1)}} = \frac{\partial E_p}{\partial X_{pi}^{(Q-1)}} \frac{\partial X_{pi}^{(Q-1)}}{\partial W_{ij}^{(Q-1)}}$$

$$= \left(\sum_{R=1}^{n_q} \frac{\partial E_P}{\partial S_{PR}^{(Q)}} \frac{\partial S_{PR}^{(Q)}}{\partial X_{pi}^{(Q-1)}} \right) \frac{\partial X_{pi}^{(Q-1)}}{\partial S_{pi}^{(Q-1)}} \frac{\partial S_{pi}^{(Q-1)}}{\partial W_{ij}^{(Q-1)}}$$

$$= \left(\sum_{R=1}^{n_q} -\delta_{PR}^{(Q)} W_{Ri}^{(Q)} \right) f'(S_{pi}^{(Q-1)}) X_{pi}^{(Q-2)} = -\delta_{pi}^{(Q)} X_{pj}^{(Q-2)}$$

$$(2.7)$$

其中:

$$\delta_{pi}^{(Q-1)} = -\frac{\partial W_p}{\partial S_{pi}^{(Q-1)}} = \Big(\sum_{R=1}^{n_q} \delta_{PR}^{(Q)} W_{Ri}^{(Q)}\Big) f'(S_{pi}^{(Q-1)}) \qquad (2.8)$$

顯然，它是反向遞推計算的公式，即首先計算出 $\delta_{PR}^{(Q)}$，然後在由式（2.8）遞推計算出 $\delta_{pi}^{(Q-1)}$。依此類推，可繼續反向計算出 $\delta_{pi}^{(q)}$ 和 $\frac{\partial E_p}{\partial W_{ij}^{(q)}}$（q=Q-2，…，1）。從式（2.6）可以看出，在 $\delta_{pi}^{(q)}$ 的表達式中包含了導數項 $f'(S_{pi}^{(q)})$，由於假定 $f(\cdot)$ 為 S 型函數，所以其導數可以求得如下：

$$X_{pi}^{(q)} = f(S_{pi}^{(q)}) = \frac{1}{1 + e^{-\mu S_{pi}^{(q)}}} \qquad (2.9)$$

$$f'(S_{pi}^{(q)}) = \frac{\mu e^{-\mu S_{pi}^{(q)}}}{(1 + e^{-\mu S_{pi}^{(q)}})^2} = \mu f(S_{pi}^{(q)})[1 - f(S_{pi}^{(q)})]$$

$$= \mu X_{pi}^{(q)}(1 - X_{pi}^{(q)}) \qquad (2.10)$$

根據以上分析，歸納出 BP 學習算法如下：

$$W_{ij}^{(q)}(k+1) = W_{ij}^{(q)}(k) + \eta D_{ij}^{(q)}(k+1) + \alpha W_{ij}^{(q)}(k-1)$$
$$(2.11)$$

$$D_{ij}^{(q)} = \sum_{p=1}^{P} \delta_{pi}^{(q)} X_{pj}^{(q-1)} \qquad (2.12)$$

$$\delta_{pi}^{(q)} = \sum_{R=1}^{n_{q+1}} \delta_{PR}^{(q+1)} W_{Ri}^{(q+1)} \mu X_{pi}^{(q)}(1 - X_{pi}^{(q)}) \qquad (2.13)$$

$$\delta_{pi}^{(Q)} = (d_{pi} - X_{pi}^{(Q)}) \mu X_{pi}^{(Q)}(1 - X_{pi}^{(Q)}) \qquad (2.14)$$

其中，$q = Q, Q-1, \cdots, 1$；$i = 1, 2, \cdots, n_q$；$j = 1, 2, \cdots, n_{q-1}$；$\eta$ 為學習率，α 為動量因子，$\alpha \nabla W_{ij}^{(q)}(R-1)$ 為動量項。

整個學習過程的流程圖如圖 2.1 所示。

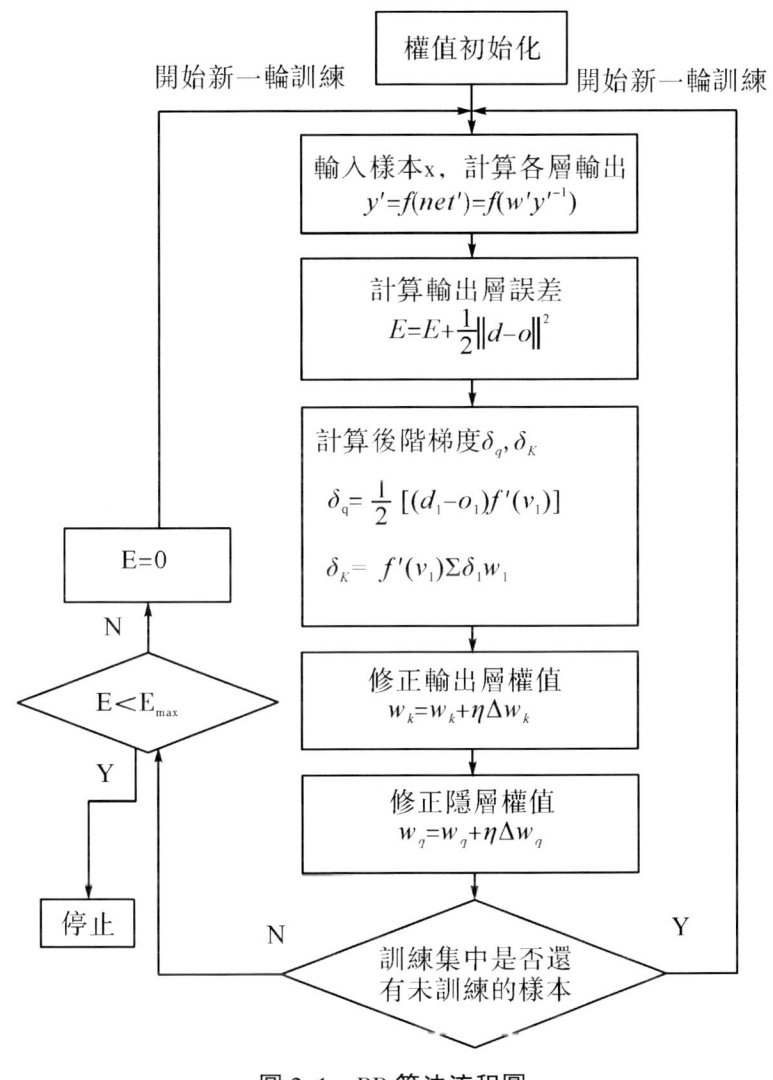

圖 2.1　BP 算法流程圖

2.1.1.2　基於變尺度算法的多層前饋網絡算法（BFGSBP）

在變尺度算法[23]中，以 DEP 和 BFGS 算法最為有名，各種變尺度算法的差別僅在於海色（Hessian）矩陣之逆矩陣的迭帶計算式不同。本書著重研究 BFGS 算法。

在 BFGS 算法中，矩陣 H_k 的迭帶計算式：

$$H_{k+1} = H_k + \frac{\Delta X_k \Delta X_k^T}{\Delta X_k^T \Delta X_k}\left[1 + \frac{\Delta g_k^T H_k \Delta g_k}{\Delta X_k^T \Delta g_k}\right] - \frac{1}{\Delta X_k^T \Delta g_k}[\Delta X_k \Delta g_k^T H_k + H_k \Delta g_k \Delta X_k^T]$$
(2.15)

式中，$\Delta X_k = X_{k+1} - X_k$，$\Delta g_k = G_{k+1} - G_k$。

由於神經網絡權值學習問題可以轉化為無約束非線性優化問題來處理，因此可以將變尺度優化法引用到神經網絡權值學習算法中去。設神經網絡目標函數使用最小二次平方誤差函數，X 矢量為網絡中所有層神經元的權值、閾值組成的待求解權值矢量，則在迭帶點 X_k 附近，考慮 $E(X_k)$ 的二次逼近，有：

$$E(X_k + d_k) \approx E(X_k) + d_k^T g_k + \frac{1}{2} d_k^T H_k^{-1} d_k \quad (2.16)$$

其中，k 為迭帶次數，$g_k = \frac{\partial E(X_k)}{\partial X_k}$ 為梯度向量。

式（2.16）右端的穩定點是 $d_k = -H_k g_k$，即搜索方向為 d_k。顯然利用一維搜索法，按搜索方向 d_k 便可求出步長 a_k，即有：

$$X_{k+1} = X_k + a_k d_k \quad (2.17)$$

H_k 矩陣由式（2.15）確定，就可用 BFGS 算法迭帶計算權值矢量 X。在神經網絡學習迭帶中，需要利用一些規則來改善迭帶算法的收斂速度和性能。我們採用遞減規則來調節 H_k 矩陣。當滿足：

$$E(X_{k+1}) < E(X_k) + \varepsilon g_k^T d_k \quad (2.18)$$

則採用 BFGS 公式更新 H_k 矩陣，否則就不更新 H_k 矩陣。ε 為誤差收斂精度值。這樣基於 BFGS 算法的前饋神經網絡學習算法的步驟可描述為：

①給定輸入樣本，迭帶誤差 ε 和最大迭帶次數 N。

② $k=0$，取隨機數 [0, 0.5] 賦給權值初始向量 X_0，計算梯度向量 $\Delta E(X_0)$。

③令初始矩陣 H 為單位矩陣 I。

④若 $\|\Delta E(X_0)\|_2 \leq \varepsilon$，則停止迭帶，$X_k$ 為最終權值矢量。

⑤利用一維搜索，確定最優步長 a_k，搜索方向 d_k，計算 $X_{k+1} = X_k - a_k H_k \Delta E(X_k)$。

⑥若 $E(X_{k+1}) < E(X_k) + \varepsilon g_k^T d_k$，則利用 BFGS 公式，由 H_k 構造 H_{k+1}。

⑦ $k = k + 1$。

⑧若 $k < N$，則轉④；否則 $k = 0$，轉②。

BFGSBP 算法神經網絡學習流程如圖 2.2 所示。

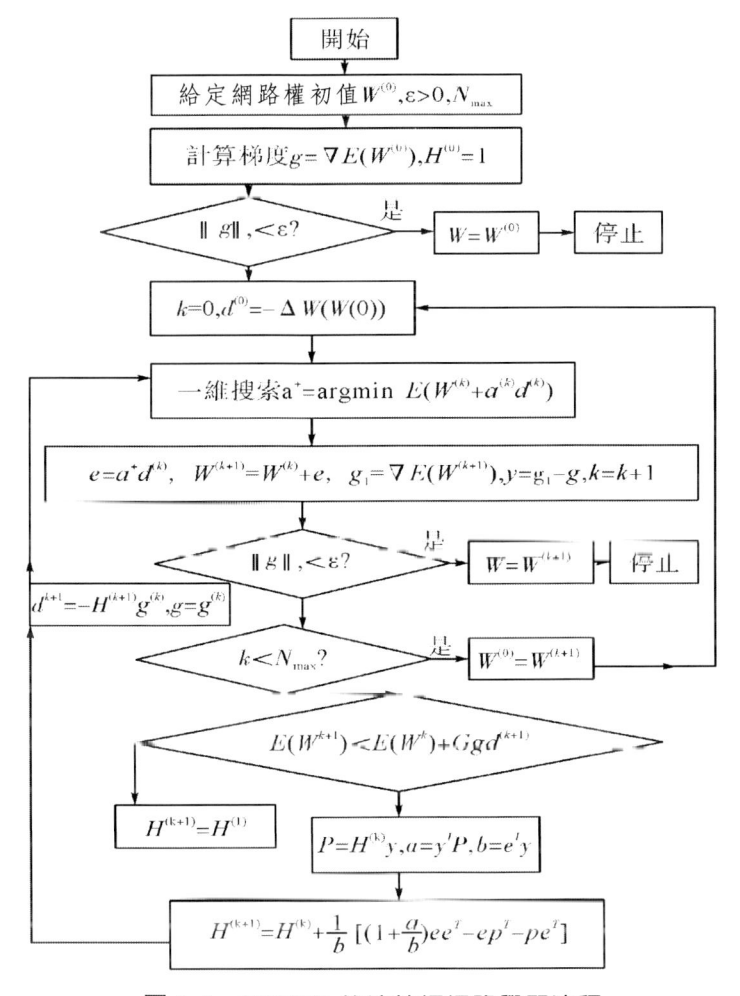

圖 2.2　BFGSBP 算法神經網路學習流程

2.1.1.3　基於 Levenberg-Marquardt 算法的多層前饋網絡算法（LMBP）

Levenberg-Marquardt 算法[24]又稱為阻尼最小二乘算法。它是非線性最小二乘無約束優化的主要方法，在優化問題中有著重要的地位和廣泛的用途。

神經網絡模型中輸入與輸出之間是一種典型的非線性關係，而非線性關係中的未知參數是神經網絡所有權值和閾值組成的矢量 W，需要擬合的數據點就是給定的學習樣本。定義如下目標函數：

$$E(W) = \frac{1}{2}\sum_{q=1}^{Q}(e^q)^2 = \frac{1}{2}\sum_{q=1}^{Q}(t^q - o^q)^2 \qquad (2.19)$$

其中，t^q 為第 q 個樣本的期望輸出，o^q 為第 q 個樣本的網絡輸出，可調參數 W 根據以下規則更新：

$$W^{(k+1)} = W^{(k)} + \Delta W^{(k)} \qquad (2.20)$$

一階梯度的計算式為：

$$\nabla E(W) = J^T(W)\varepsilon(W) \qquad (2.21)$$

二階梯度的計算式為：

$$\nabla^2 E(W) = J^T(W)J(W) + \varepsilon(W) \qquad (2.22)$$

其中，$\varepsilon(W) = (e^1, e^2, \cdots, e^Q)^T$，$S(W) = \sum_{q=1}^{Q} e^q(W)\nabla^2 e^Q(W)$，$J(W)$ 是（2.23）式所示的 Jacobian 矩陣。

$$J(W) = \begin{bmatrix} \dfrac{\partial e^1}{\partial w_1} & \dfrac{\partial e^1}{\partial w_2} & \cdots & \dfrac{\partial e^1}{\partial w_n} \\ \dfrac{\partial e^2}{\partial w_1} & \dfrac{\partial e^2}{\partial w_2} & \cdots & \dfrac{\partial e^2}{\partial w_n} \\ \vdots & \vdots & \vdots & \vdots \\ \dfrac{\partial e^q}{\partial w_1} & \dfrac{\partial e^q}{\partial w_2} & \cdots & \dfrac{\partial e^q}{\partial w_n} \end{bmatrix} \qquad (2.23)$$

$J(W)$ 中元素為偏導數或梯度，其算式為：

$$J_{qp} = \frac{\partial e^q}{\partial w_p}$$

$$= \begin{cases} -\varphi'(S_i^q)v_i & \text{（輸出節點 } i \text{ 與隱節點 } j \text{ 之間的權值）} \\ -\varphi'(S_i^q)W_{jk}^2\varphi'(S_j^q)X_k^q & \text{（隱節點 } j \text{ 與輸入節點 } k \text{ 之間的權值）} \end{cases}$$

(2.24)

S_i^q 和 S_j^q 由式（2.1）計算，$\varphi'(.)$ 是隱節點及輸出層節點非線性函數的導數值。p 為權值序號，$v_j = t_j^q - o_j^q$。

LMBP 法是以牛頓法為基礎的，即：

$$\Delta W = -[\nabla^2 E(W)]^{-1} \nabla E(W) \quad (2.25)$$

這裡 $\nabla^2 E(W)$ 是二階導數矩陣，$\nabla E(W)$ 是梯度向量，當接近一個解時，通常有 $S(W) \approx 0$，這時得到高斯法的計算法則為：

$$\nabla W = -[J^T(W)J(W)]^{-1} J^T(W)\varepsilon(W) \quad (2.26)$$

加入一個阻尼因子 λ 修正上式可以得到方程組：

$$\nabla W = -[J^T(W)J(W) + \lambda I]^{-1} J^T(W)\varepsilon(W) \quad (2.27)$$

式（2.27）中只體現了阻尼最小二乘法的基本思想，同時也留下兩個未解決的問題，一是阻尼因子的取值問題，二是該方程的求解問題。實踐和大量研究表明，這兩個問題處理的好壞，將對該方法的效果產生較大影響。在這裡，我們考慮到：

① 為使 $J^T(W)J(W) + \lambda I$ 處於良態，要求 λI 足夠大。

② λ 越大，則 $\|\nabla W\|$ 就越小，網絡收斂速度就越慢。

因此要在保證每步迭帶穩定收斂的條件下，即滿足：

$$E^{(k+1)}(W) < E^{(k)}(W) \quad (2.28)$$

的條件下盡量減小 λ 以提高收斂速度。這裡我們使用迭帶中動態調整阻尼因子 λ 法，十分簡便而有效。其思路是，選定一個比例因子 γ（$\gamma > 0$），當：

$E^{(k+1)}(W) > E^{(k)}(W)$ 時，$\lambda = \gamma^l \cdot \lambda$（其中 $l = 1, 2, \cdots, s$）
$$\text{(2.29)}$$

直到 $\lambda = \gamma^s \cdot \lambda$ 時有 $E^{(k+1)}(W) > E^{(k)}(W)$ 為止而停止增大 λ。當 $E^{k+1}(W) > E^{(k)}(W)$ 時，則減小 λ：

$$\lambda = \frac{\lambda}{\gamma} \qquad (2.30)$$

為了求解（2.27）這個方程組，可以使用 SVD 奇異值分解法、Cholesky 分解法。但是在這裡我們使用改進的共軛斜量法來求解，可以提高運算速度，增強抗病態能力，而且程序的編製也因此簡單靈活。

根據以上分析，下面給出 LMBP 算法的步驟：

①給出訓練的允許誤差值 ε，比例因子 γ_1 和 γ_2，初始化權值 $W^{(0)}$，$k = 0$，$\lambda = \lambda_0$。

②計算網絡的輸出及誤差向量 $(\varepsilon(W)^{(k)})$。

③用式（2.21）和（2.22）計算誤差向量對網絡權值的梯度值並形成 Jacobian 矩陣 $J(W)$。

④用改進的共軛斜量法求解方程組（2.27），得到 $\Delta W^{(k)}$，用式（2.19）計算 $E^{(k+1)}(W)$ 和 $E^{(k)}(W)$。

⑤若 $E^{(k+1)}(W) > E^{(k)}(W)$ 時，則轉⑦；否則就不更新權值，$W^{k+1} = EW^k$ 轉到下一步。

⑥若 $\| J^{T(k+1)} E^{(k+1)} \| \leq \varepsilon$，則到達極小點，$W = W^k$，停止；否則，令 $\lambda = \gamma_1 \cdot \lambda$，轉④。

⑦若 $\| J^{T(k+1)} E^{(k+1)} \| \leq \varepsilon$，則到達極小點，$W = W^k$，停止；否則，令 $k = k + 1$，$\lambda = \dfrac{\lambda}{\gamma_2}$，轉②。

LMBP 算法神經網絡學習流程如圖 2.3 所示。

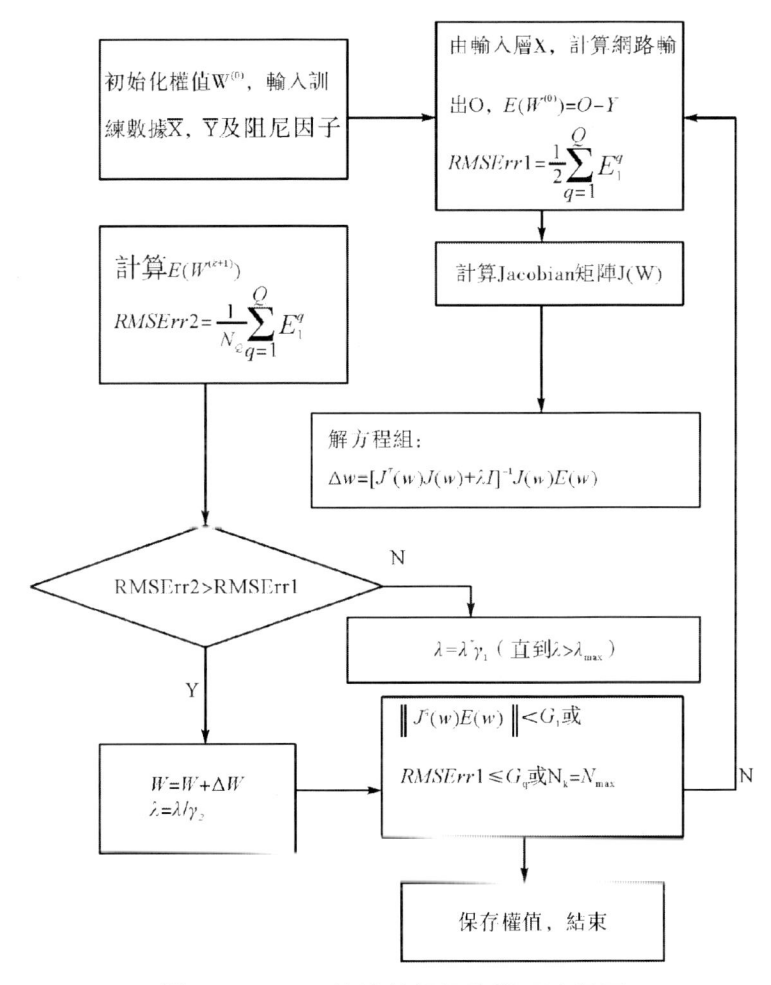

圖 2.3　LMBP 算法神經網路學習流程圖

2.1.2　儲層物性參數預測

2.1.2.1　儲層物性參數預測過程

儲層物性參數通常包括孔隙度、滲透率和含水飽和度等，通常我們需要利用某種或多種測井信息定量求取這些參數的值。常規的預測方法使用基於傳統的模式識別技術，要求對模式的先驗分佈信息有準確的瞭解，並且要建立測井解釋方程，同時對參數的選取工作也非常的繁瑣。而利用神經網絡實現對儲層物性參數的預測是一種完全不同的思維方式，它將測井數據、它們所反應的儲層特性以及應獲得的具體解答融為一個整體，最終建立一個具有自適應、複雜非線性儲層物性參數預測模型。下面介紹利用神經網絡解決這一問題的具體方法和過程。

1. 網絡模型的確定

目前，許多工程應用廣泛應用多層前饋網絡。大量實踐證明，採用三層神經網絡，利用§2.1.1的學習算法，完全可以解決儲層物性參數的預測。

本書研究的用於解決儲層物性參數計算的網絡模型是一個具有一個隱含層的前饋神經網絡。其中輸入層的神經元數，隨所需輸入的信息的多少而定；中間層的神經元數可以根據隱含層神經元確定方法進行確定，通常情況下選為輸入層神經元數的 1~1.5 倍；而輸出層的神經元數則為 1。

作為網絡輸入，可以是那些能從不同側面反應地層特性並與該種參數有一定相關性的測井信息。對於孔隙度而言，除了聲波、密度、中子這些有密切關係的信息以外，還可以輸入在一程度上反應空隙度受控因素的其他測井信息，如自然伽瑪、自然電位、微電極系以及電阻曲線等。而影響滲透率的信息主要有泥質含量、孔隙度以及後期成岩作用等。

神經網絡能根據測井信息的綜合特徵，在學習時通過連接權的不斷調整，從眾多的輸入信息中找出最能反應期望解答的信息給予較大的權值，對於其他信息，也將根據其對期望解答所起的作用的大小給予適當的權值，由此形成的連接權便構成了對物性參數的預測模型。

2. 網絡學習模型的建立

將神經網絡用於實際預測前，需利用已知的樣本對選定的網絡模型進行訓練，稱為預測模型的建立。其成敗主要由兩方面的因素決定：一是建模的精度和速度；二是所建立模型的泛化能力，即預測效果。對於建模的精度和速度，我們已經在§2.1.1做了分析；對於泛化能力，我們將在§2.1.2.4中做分析。

3. 網絡的預測

網絡經過訓練後，連接權被固定下來，此時若給網絡提供類似的未知數據，網絡通過前向運算，便可在網絡的輸出端獲得該組數據的最可能的答案。

2.1.2.2　測井曲線的歸一化

由於各種測井數據的量綱不一致，進入網絡學習之前，無論是學習樣本還是預測數據，都需要進行歸一化處理，將他們都限定在 [0，1] 之間。對於具有近似線性特徵的輸入信息，採用線性歸一化公式：

$$X = \frac{X^* - X^*_{min}}{X^*_{max} - X^*_{min}} \quad (2.31)$$

其中，X 是經歸一化後的測井曲線，$X \in (0，1)$，X^* 是原始測井曲線，X^*_{max} 和 X^*_{min} 是原始曲線的極大值和極小值。該式適合大多數測井曲線的歸一化處理。而對於電阻率、儲層滲透率等具有非線性特徵的曲線，則採用對數歸一化公式：

$$X = \frac{\lg X^* - \lg X^*_{min}}{\lg X^*_{max} - \lg X^*_{min}} \quad (2.32)$$

2.1.2.3　學習樣本的選取

選取學習樣本的目的就是為有導師學習的人工神經網絡提供示範的模式。學習樣本的好壞直接影響到神經網絡的收斂速度和能力，決定著神經網絡模型的泛化預測的精度和效果。實際上，神經網絡在應用中成功與否在很大程度上取決於樣本選取的有效性和代表性。

大量學者的研究和實踐表明，影響樣本代表性的因素主要有取樣分析的隨機性、實驗室分析誤差以及某些測井數據對地層特性的異常回應等。因此，在樣本進入學習之前，需按以下原則做適當的取捨：

（1）剔除個別明顯異常的奇異點。

（2）適當減少相同特徵點數。

（3）適當補充特徵明顯的典型樣本。

（4）適當控製訓練樣本的總量。

（5）盡量避免選擇在薄層和岩層界面處數據所對應的樣本。

2.1.2.4　網絡的泛化能力

如何提高網絡的泛化能力和效果，是提高神經網絡實際預測精度和準確性的關鍵。而影響網絡泛化能力的主要因素是訓練樣本的質量和數量、網絡結構和問題本身的複雜度。顯然，問題本身的複雜度是不可控製的。前面我們已經對訓練樣本的質量和網絡結構的優化問題做了一定的研究，下面我們就訓練樣本的數量和網絡學習的精度等問題進行討論。

1. 訓練樣本的數量

訓練樣本的數量也稱為樣本的規模，按照獲取知識的觀點，似乎樣本規模越大或模式組成越多，網絡學到的知識就越全面越豐富，其泛化能力就越強。但事實上並非如此，在這裡面存在一個所謂「過學習」和「學習不足」的問題。它主要由樣本集中某種模式或與之相近的某些模式的數量過多或過少造成。「過學習」和「學習不足」均不利於網絡的推廣應用。實踐表明，在保證模式分佈較均勻的條件下，樣本規模不宜過大。這既有利於提高學習精度和收斂精度，也能使網絡具有對不同模式及其總體特徵的總體預測能力。

樣本規模的選取原則沒有嚴格的規定，文卡特斯·S[21]（Venkatech. S）給出了如下結論：

（1）設網絡可用一無環路的有向圖表示，令 $W = E + N$，其中 E 為圖的邊段，N 為節點數，$0 < \varepsilon \leq 0.5$。當隨機抽取的樣本數 M 滿足：

$$M \geqslant \frac{32W}{\varepsilon} \ln \frac{32W}{\varepsilon} \quad (2.33)$$

時（其中，W 為權值個數）能找到一組合適的權值，使得至少能以 $1 - \frac{\varepsilon}{2}$ 的概率對訓練樣本正確分類，則該網絡對取自同一分佈的其他樣本的錯分率不大於 ε 的概率至少為 $1 - 8e^{-1.5W}$。

（2）對只有一個隱含層的前饋網絡，如果訓練樣本數小於 $\frac{W}{\varepsilon}$ 的數量級，則在選擇適當權值使其他樣本錯分率小於 ε 時，至少以某一固定概率失敗。

由以上兩個結論，可以粗略估計，為獲得良好泛化能力的樣本數量，應滿足 $\frac{W}{\varepsilon}$。大量實踐表明，建立較好的神經網絡預測模型所需要的訓練樣本遠沒有達到上述挑選樣本數量的準則。對於物性參數計算問題，在給定的樣本中應當有反應儲層參數各個數值範圍的樣本，尤其要有同樣數值範圍但具有不同輸入特性的樣本。

總之，訓練樣本的數量不是一次就能確定合適的，應當由一個最基本的樣本數開始，經過訓練和預測再添加樣本，再訓練這樣一個多次循環往復的過程，每次循環不是原地踏步，而是「螺旋式上升」的過程。

2. 網絡學習的精度

網絡學習的精度同樣牽涉「過學習」和「學習不足」的問題，即要求網絡達到某一個收斂精度後建立的神經網絡預測模型具有最強的泛化能力。

曾有人給出了「有效」學習的定義，即對任意的概率分佈 ρ 和 $0 \leqslant \varepsilon \leqslant 1, 0 \leqslant \delta \leqslant 1$，對所有概念 $c \in C_n$，若存在算法 R，通過使用 C 給出的例子，能在 $\frac{1}{\varepsilon}$，$\frac{1}{\delta}$ 和 n 的多項式時間內輸出

假設 $h \in H_n$，滿足：

$$\Pr[\Delta(h, c) < \varepsilon] \geq 1 - \delta (或 \Pr[\Delta(h, c) < \varepsilon] < \delta)$$
(2.34)

則稱概念類 C_n 是多項式時間可學習的，其中 n 代表問題的規模，$\Delta(h, c)$ 表示 h 與 c 的誤差。如果概念 C 的 VC 維數是有限的，則 C 是一致學習的。

這是一個由計算學習理論給出的計算複雜性的定義。但實際上，我們認為，網絡學習的精度是由對網絡給出「滿意」的學習/模型還是給出「精確」的學習/模型的選擇而決定的，不能一味追求高的學習精度，而應該根據網絡模型的任務而定。對於儲層參數預測模型，可要求網絡達到較高的學習精度，即使網絡目標函數誤差很小，或使學習樣本的期望輸出與網絡回響結果相關係數達到 0.99 以上。

但是對於滲透率參數的學習，與一般儲層參數學習精度不一樣，只要求模型各給出滿意解，即網絡學習精度不能太高。只是由於微觀孔隙結構的複雜性，儲層內部的非均質性，導致滲透率在儲層內部縱橫方向上變化很大，而相應的測井信息受自然分辨率的限制，難以準確反應滲透率的這種縱橫方向上的非均質變化。即使是使用最優網絡學習到了很高的精度，其預測滲透率的數值也是難以令人信服的，預測誤差反而大。因此，應使網絡學習到能逼近鄰點或井段滲透率趨勢值就可以了。對於滲透率的預測應有一個範圍，在這個範圍內，預測精度較高，預測結果是可信的，在這個範圍外，其預測的誤差往往會比較大。

2.1.3 實際預測及效果分析

基於前幾節討論的方法和實現技術及相應的軟件系統，並與相關科研課題相結合，在洛帶油田、哈德遜油田和山東橋口油田等地的含油氣構造上，我們開展了測井儲層物性參數預測計算研究，處理了各種複雜地質條件下的幾十口井的測井資料，獲得了明顯優於常規方法的地質效果。本節將主要研究測井資料在孔隙度、滲透率等儲層物性參數預測計算中的應用和效果。

2.1.3.1　孔隙度的預測計算

　　用神經網絡預測孔隙度，就是尋求測井信息與孔隙度參數之間的一種非線性映射或擬合，主要是通過給定的訓練樣本集進行學習得到一種解釋模型，從而對未知進行孔隙度預測。但是它與統計擬合完全不相同的地方是：首先，它不是建立一種擬合迴歸方程；其次，神經網絡擬合的形式可以不僅是幾種簡單的函數的擬合，還可以實現極其複雜的各種非線性擬合，而且參與擬合的變量可以不受限制，神經網絡的擬合可以達到相當高的精度。這顯然是建立測井信息與儲層參數之間複雜關係最理想的方法。

　　用於孔隙度預測的神經網絡模型結構如圖 2.4 所示。這是一個標準的三層前饋網絡，因此 §2.1.1 和 §2.1.3 的快速學習算法和確定網格結構算法是適用的。這裡需要關注的是輸入層單元和輸出層單元。

　　輸出層單元只有一個，那就是期望輸出孔隙度，一般是岩心數據分析實測值。在選擇樣本進行學習之前，首先剔除樣本集中的異常數據，以免影響網絡的學習精度和期望輸出的誤差。由於所給出的各種測井曲線數據點的值都包含一個最大值和一個最小值，通常情況下我們都取兩者的算術平均值，然後對所選數據進行歸一化處理，以便與網絡前向傳播輸出值對比計算目標函數誤差。

```
           輸出孔隙度
輸出層        ■

隱含層   ■  ■  ■  ■  ■

輸入層   ●  ●  ●  ●  ●
           測井曲線
```

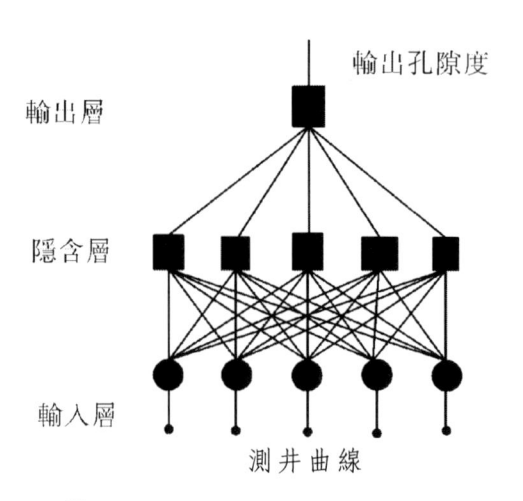

圖2.4　神經網路孔隙度預測模型

　　網絡的輸入層單元是一些與孔隙度關係密切的測井曲線，可以通過觀察岩心分析孔隙度（$\varphi_{岩心}$）與測井曲線的統計關係來確定孔隙度與測井曲線的密切程度，如圖2.5和圖2.6所示。可見孔隙度與聲波時差AC、密度DEN、中子CNL曲線均有良好的相關性，與電阻率RT也有一定的相關性，因此可將AC、DEN、CNL、RT選作網絡的輸入信息。另外，泥質指標曲線自然電位SP、自然伽瑪GR可視為泥岩樣點、砂泥骨架點的顯著特徵，還可以區分在相似的AC、DEN、CNL曲線上的樣點不同孔隙度學習的輔助曲線。因此，可以把AC、DEN、CNL、RT、GR、SP曲線作為孔隙度神經網絡的輸入單元。對於碎屑岩地層則是使用上述6條曲線，對於碳酸岩層則是使用AC、DEN、CNL、RT、GR等5條曲線。

　　建立孔隙度神經網絡的結構及訓練樣本集，使用§2.1.1中的算法快速訓練網絡直到收斂，能達到較高的精度，如圖2.7所示是用洛帶地區的樣本來訓練網絡。可以看出，通過315次訓練就可以達到0.001的目標誤差精度，其效果是非常良好的。而且神經網絡利用快速學習算法進行學習，最終的網絡實際輸出和期望輸出之間的相關性非常高（如圖2.8所示），幾乎接近於1，這也能說明我們所選的學習樣本和所用的學習算法是非常有效的。

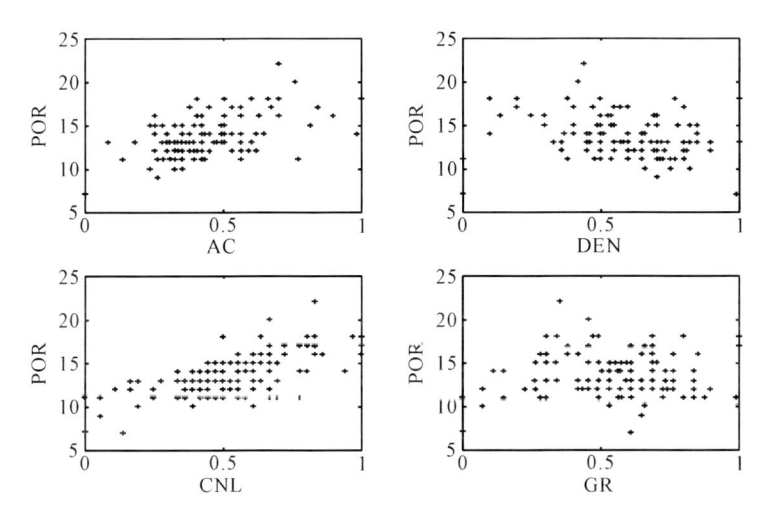

圖2.5 樣本岩心分析孔隙度與歸一化後的測井曲線交會圖(洛帶)

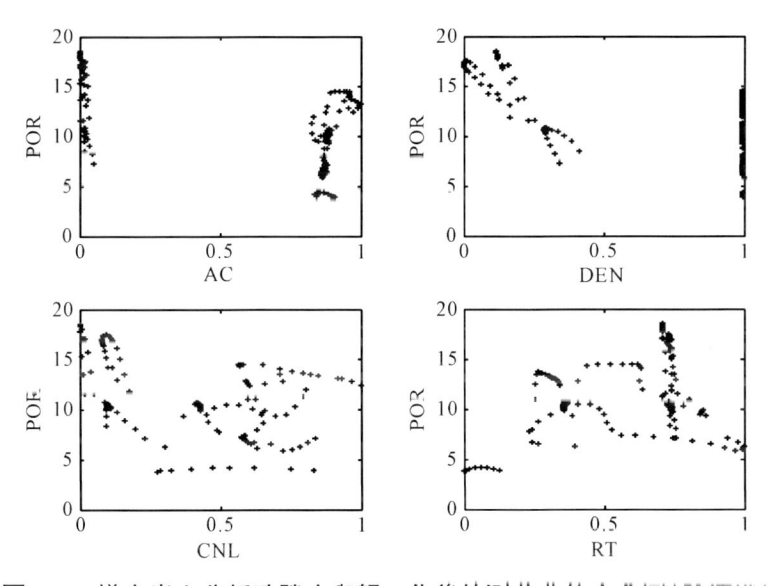

圖2.6 樣本岩心分析孔隙度與歸一化後的測井曲線交會圖(哈德遜)

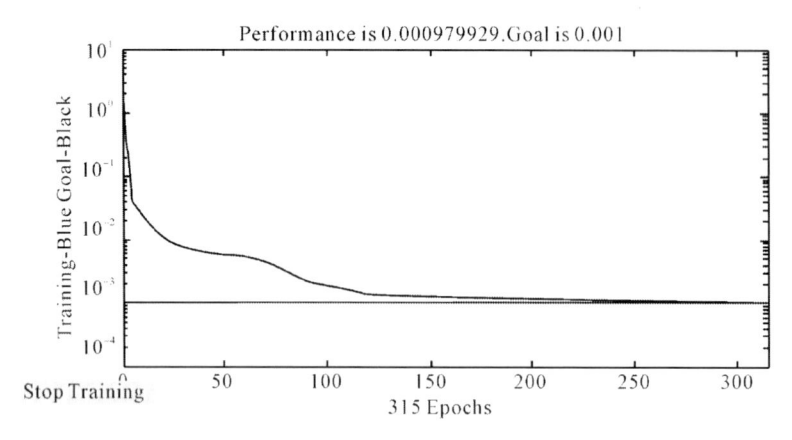

圖 2.7　利用神經網路預測孔隙度訓練誤差變化情況

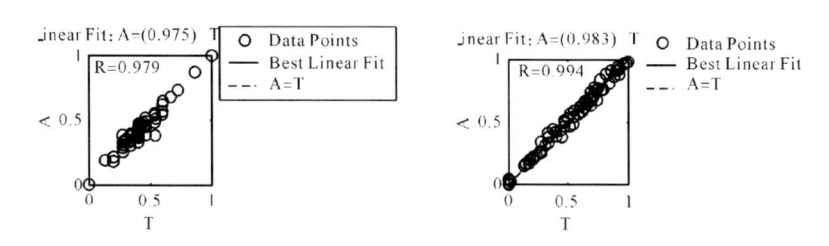

圖 2.8　網路實際輸出與期望輸出的相關性

　　為了說明我們所建立的神經網絡孔隙度預測模型的泛化能力，即對未知鄰井參數預測的精度，下面我們利用所建立的網絡模型對洛帶地區某些井區的參數值進行預測計算並加以討論。表 2.1 給出了我們分析的統計誤差，可以看出網絡的預測結果和岩心分析值有良好的吻合關係，孔隙度逐點對應的絕對誤差普遍小於 1.0 孔隙度單位（P.U），而相對誤差普遍低於 10%。圖 2.6 給出了新疆哈德遜油田 HD4-13 井的孔隙度岩心分析值和網絡預測值之間的對比圖，從中也可以清晰地看出利用神經網絡方法具有較高的預測精度。

表 2.1　　　　　　　孔隙度預測誤差統計表

井名	統計井段	岩心樣點序號	岩心分析值	網絡預測值 數值	絕對誤差	相對誤差
龍 31-1 井	119.5–349.5	1	22	19.596,8	2.403,2	10.923,6
		2	20	19.963,8	0.036,2	0.181,0
		3	18	17.845,3	0.154,7	0.859,4
		4	15	14.166,3	0.833,7	5.558,0
		5	12	11.976,1	0.023,9	0.199,2
龍 35 井	374–1,325	1	16	13.986,7	2.013,3	12.583,1
		2	15	16.665,1	−1.665,1	−1.100,7
		3	13	13.366,1	−0.366,1	−2.816,2
		4	17	14.641,3	2.358,7	13.874,7
		5	17	18.445,3	−1.445,3	−8.501,8
		6	18	17.532,6	0.467,4	2.596,7
		7	17	16.882,6	0.117,4	0.690,6
		8	18	17.439,4	0.560,6	3.114,4
		9	15	14.043,1	0.956,9	6.379,3
		10	15	15.253,4	−0.253,4	−1.689,3
		11	13	13.124,1	0.124,1	−0.954,6
		12	15	14.629,8	0.370,2	2.468,0
		13	13	13.882,3	−0.882,3	−6.786,9
		14	15	16.230,9	−1.230,9	−8.206,0
		15	11	10.905	0.095,0	0.863,6
		16	7	6.951,6	0.048,4	0.691,4
龍 36 井	1,760.3–1,808.5	1	13	12.903,6	0.096,4	0.741,5
		2	13	13.249,1	−0.249,1	−1.916,2

表2.1(續)

井名	統計井段	岩心樣點序號	岩心分析值	網絡預測值 數值	網絡預測值 絕對誤差	網絡預測值 相對誤差
龍40井	517-855	1	14	14.598,3	-0.598,3	-4.273,6
		2	13	13.654,9	-0.654,9	-5.037,7
		3	15	14.886,8	0.113,2	0.754,7
		4	13	12.170,2	0.829,8	6.383,1
		5	11	12.824,9	-1.824,9	-16.590,0
		6	18	18.716,9	-0.716,9	-3.982,8
		7	12	11.828	0.172,0	1.433,3
龍41井	599.5-737.5	1	13	13.078,6	-0.078,6	-0.604,6
		2	11	11.733,9	-0.733,9	-6.671,8

　　從表2.1中可以看出，利用神經網絡模型對儲層孔隙度預測具有良好的效果。下面我們利用所建立的神經網絡孔隙度預測模型對橋口油田和新疆哈得遜油田的一部分井區的孔隙度參數進行預測，其預測結果如表2.2所示。

表2.2 利用神經網絡對孔隙度的參數預測及誤差分析

油田地區名	井名	統計井段	樣點數	岩心分析均值	網絡預測值 數值	網絡預測值 絕對誤差	網絡預測值 相對誤差
新疆哈得遜油田	HD1-10	5,009.478-5,010.468	14	9.648,8	10.108,2	-0.459,4	-4.76
	HD1-16	5,016.002-5,016.840	13	7.873,2	9.015,2	-1.142,0	-14.5
	HD402	5,086.047-5,096.334	135	12.656,5	11.697,8	0.958,7	7.57
	HD4-11	5,001.535-5,002.978	15	4.178,3	4.024,8	0.153,5	3.67
		5,051.678-5,053.732	17	18.318,7	17.258,3	1.060,4	5.79
橋口油田	橋16	2,806.44-3,396	29	12.233,3	12.011,2	0.222,1	1.82
	橋24	3,483.11-3,555.36	18	11.766,7	11.148,7	0.618,0	5.25
	橋35	3,625.78-3,641.09	56	8.791,1	10.021,5	-1.230,4	14
		3,852.96-3,867.16	35	9.957,1	10.584,9	-0.627,8	6.34
	橋29	2,575.96-2,586.25	47	18.278,7	17.248,9	1.029,8	5.63

2.1.3.2 滲透率的預測計算

儲層微觀孔隙結構的複雜性，決定了滲透率在儲層內部，包括縱向、橫向上都有很大的變化梯度，具有強的非均質性和各向異性。滲透率的這種變化特性是其他一些儲層參數（如孔隙度、泥制含量等）所無法比擬的。測井信息由於受自身分辨率的限制，一般很難確切反應和描述滲透率這種縱、橫向上的非均質變化。因此，由測井信息預測滲透率參數是一個複雜的、很有意義的且極富挑戰性的難題。在大多數環境下，孔隙度被認為是影響滲透率的最主要的因素，因此可由統計方法導出孔隙度和滲透率之間的簡單經驗公式，再將測井曲線導出的孔隙度轉化成滲透率。但是隨著地質環境的複雜化，實際應用中卻很少使用這種經驗公式。在複雜地層條件下，通常使用多元線性迴歸技術來建立測井數據與岩心分析數據之間的滲透率關係，在用取心井段數據得出滲透率預測方程後，再對未取心段進行滲透率值的估計。其局限性在於假設滲透率與多種輸入變量（岩性、孔隙度、孔隙流體壓力等）間的線性關係，加上一些輸入變量（如粒度中值、含水飽和度等）的確定十分困難，無論基於哪種數學模型，都難於準確表達出非均質性複雜地層（尤其是碳酸岩層）內滲透率與測井曲線之間的複雜函數關係。因此，現有的常規方法或者精度尚不能滿足地質分析的要求，只能提供一種宏觀的數量級估算值，或者只能適用局部區塊的經驗公式。

擅長於處理變量之間數值關係或不確定性問題的神經網絡技術引起了人們的很大注意，很快被應用於滲透率與測井信息間複雜的非線性關係建模預測研究，取得了很大的成果，研究熱潮持續至今。

用神經網絡建立滲透率的預測計算模型，就是實現測井信息與滲透率之間的一種非線性映射（如圖 2.9），尤為關鍵的是對所建立的這種滲透率神經網絡的輸入信息變量的選取。

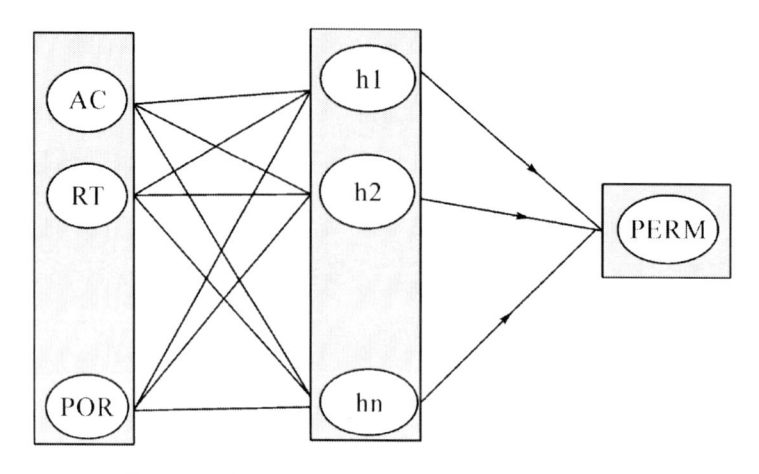

圖2.9　滲透率預測計算的神經網路模型結構

孔隙度是一個重要的輸入信息。這符合「滲透率與孔隙度有一定程度的相關」這一公認的原則。我們在一些研究區考察了岩心分析孔隙度和滲透率的關係，從圖2.11中可以看出兩者具有較高的相關性。從網絡的輸入信息權重貢獻率（如圖2.10）也可以看出，在滲透率神經網絡輸入曲線中，孔隙度佔有較大的貢獻率，同樣可以說明孔隙度曲線信息的重要性。

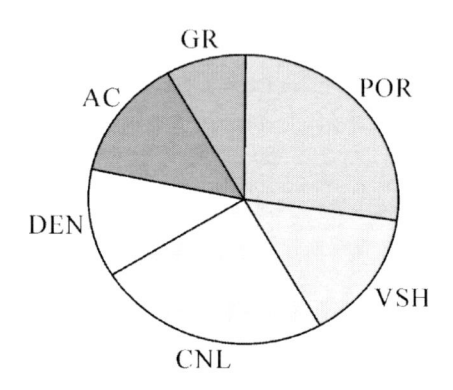

圖2.10　滲透率預測網路模型輸入單元權重貢獻率

(訓練樣本來自洛帶地區，共有123個樣本)

(a) 洛帶油田　　　　(b) 橋口油田

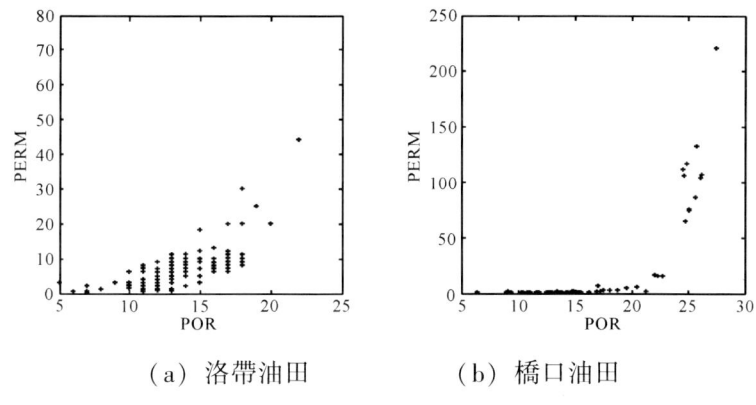

圖 2.11　岩心分析孔隙度與滲透率交會圖

測井曲線中，三種孔隙度曲線 AC、DEN、CNL 可以任意選取其中一種或全部選取，GR 曲線和 RT 曲線應作為輸入曲線。

空間信息井位坐標 X、Y 和深度 Z 應視研究對象和研究任務而定，在學習井和預測井相距不是太遠，所分析目的層橫向岩性變化不大、構造變化不大的情況下，進行多井預測時可以考慮在學習樣本輸入信息中加入空間信息。深度信息 Z 可幫助網絡分析滲透率參數的縱向變化規律，而井位信息則可幫助網絡分析滲透率參數的橫向變化規律。它們都是一種對預測滲透率值的宏觀上的很粗略的約束信息。在我們所研究的複雜陸相地層，難於找到合適其輸入的條件，即使把這些條件輸入網絡所起的作用也不大，甚至起到負作用，因為這些信息的歸一化參數是難以確定合適的。

在這裡，我們主要考慮使用孔隙度、聲波時差、密度、中子、自然伽瑪和電阻率曲線作為網絡的輸入，建立滲透率預測模型（如圖 2.9），通過對各研究區所挑選的樣本的學習，取得了很高的學習精度（如圖 2.12）。我們用所建立的模型，對檢驗井進行了滲透率預測（如表 2.3）。

我們從預測結果中可以看出，當儲層的滲透率變化範圍較小（相差兩個數量級）時，利用神經網絡預測的結果具有較高的精度；而當滲透率變化範圍較大（相差三個數量級）時，也即是說儲層非均質性較強時，神經網絡對於較高滲透率層段的預測精度較高，而對低滲透率層段的預測精度則較差。我們從滲透率岩心分析值和網絡預測值之間的對比圖（如圖2.13）也可以得出這樣的結論。

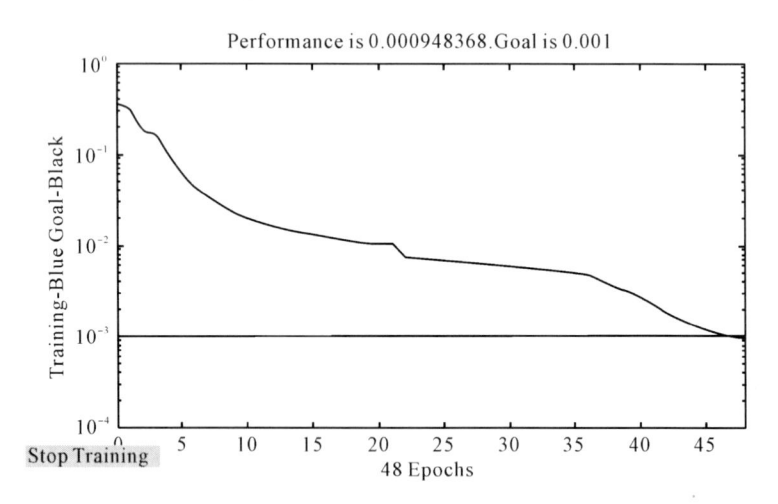

圖2.12　利用神經網絡預測滲透率訓練誤差變化情況

表2.3　利用神經網絡滲透率參數預測模型預測結果及誤差分析

油田地區名	井名	統計井段	樣點數	岩心分析均值	網絡預測值 數值	絕對誤差	相對誤差
洛帶油田	龍22井	547.8-843	8	7.375,0	5.432,8	1.944,2	26.33
	龍23井	437-1,132.2	10	9.300,0	12.365,4	-3.065,4	-32.96
	龍35井	374-1,760.3	20	14.240,0	10.254,1	3.859	27.99
新疆哈得遜油田	HD1-10	5,009.478-5,010.468	14	6.332,4	10.284,2	-3.951,8	-62.41
	HD1-16	5,016.002-5,016.840	13	2.332,3	1.232,1	1.100,2	47.17
	HD402	5,086.047-5,096.334	135	70.269,4	47.241,5	23.027,9	32.77
	HD4-11	5,001.535-5,002.978	15	0.134,8	0.089,2	0.046,5	33.38
		5,051.678-5,053.732	17	181.294,2	142.114,2	39.180,0	21.61

表2.3(續)

油田地區名	井名	統計井段	樣點數	岩心分析均值	網絡預測值 數值	網絡預測值 絕對誤差	網絡預測值 相對誤差
橋口油田	橋16	2,806.44-3,396	26	32.531,0	21.365,8	11.165,2	34.32
	橋24	3,483.11-3,555.36	14	0.657,1	0.421,9	0.235,2	35.79
	橋35	3,625.78-3,641.09	28	1.675,0	1.025,9	0.649,1	38.75
		3,852.96-3,867.16	19	0.794,1	1.024,7	-0.230,6	-29.04
	橋29	2,575.96-2,586.25	45	241.788,9	126.354,7	115.434,2	47.74

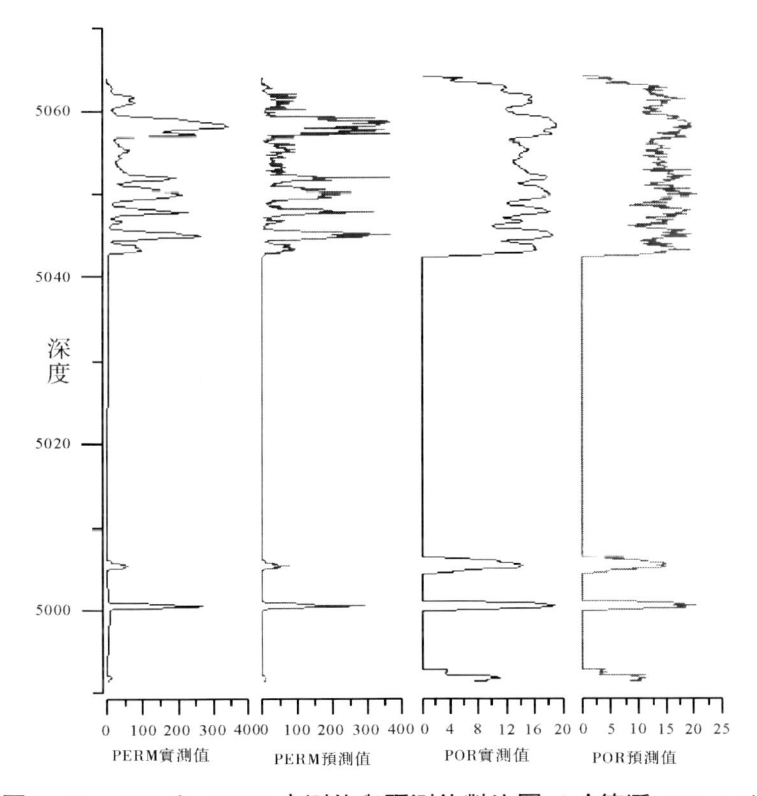

圖2.13　POR和PERM實測值與預測值對比圖（哈德遜HD4-13）

2　現代數學方法在地學序列數據處理中的應用　47

2.1.4 結論與討論

在儲層四性特徵及其四性關係研究的基礎上,以岩心分析數據為標定,以測井為工具,以 BP 神經網絡為方法,基本可以實現儲層物性參數的精確預測,且比常規數理方法具有較高的精度,顯示出 BP 神經網絡在儲層參數預測中具有較為廣闊的應用前景。

對洛帶油田、新疆哈得遜油田、橋口油田不同滲透率的儲層進行神經網絡預測結果的分析表明,當儲集層的滲透率變化範圍較大(也就是說儲層非均質性極強)時,例如相差 3 個數量級時,神經網絡對於高滲透率層段的預測精度較高,而對於低滲透率的預測精度較差。這可能是因為滲透率的變化範圍較大,對於個別滲透率本身很低($0.019 \times 10{-3} \mu m2$)的岩樣,只要預測值稍有誤差,由標準化值向實際值轉化時,就會出現很大的相對誤差。當儲集層的滲透率變化範圍較小,相差兩個數量級時,神經網絡的預測精度也較高。由此可以看出,在應用神經網絡技術對儲集層滲透率參數進行預測時,不能一概而論,應注意滲透率的變化範圍不宜相差太大,否則預測精度不高。

測井曲線為空間序列數據。本節的討論,說明神經網絡可以有效地對空間序列數據進行反演分析,從計算結果看具有較高的精度和泛化能力。

2.2 盲信號處理在地震信號降噪中的應用

2.2.1 研究背景

地震勘探是地球物理中重要的方法之一。它是通過測量和分析由人工激發的地震波，依據岩石的彈性，研究地震波在地層中的傳播規律，以查明地下地質結構的方法。其主要由數據採集、數據處理與分析、地質解釋三個環節組成。我們所採集到的地震數據，除了有效信號（一次波）外，還包含了大量的干擾信號（主要有隨機噪聲和相干噪聲兩大類）。多次波作為一種規則干擾，與有效反射如影隨形，只不過有時強烈，有時微弱。強能量的多次波干擾會影響有效波的成像，甚至導致錯誤的解釋，最終導致錯誤的布井和打鑽。因此，多次波的壓制一直是地震數據處理過程中的重點和難點，特別對於海洋油氣勘探，多次波的問題更加突出。海水面（自由界面）是個很強的反射界面，一般反射系數可達 0.9，海底也是個很強的反射界面。由於這些強反射界面的存在，不可避免地會產生強烈的交混回響和微曲多次波。多次波的存在給地震資料的分辨率降低，干擾人們對有效波的識別，給後續的速度分析、偏移成像乃至解釋帶來極大的困難，影響地震成像的真實性和可靠性。因此，研究多次波，並借助現代數學工具，深入研究和應用一些新的數學方法，對多次波進行壓制和分離，不僅有著重要的理論意義和技術價值，而且具有實際的應用價值和直接的經濟效益。

　　盲信號分離技術是當今現代數學非線性科學研究的一個重要熱點。盲信號分離是指在不知源信號和傳輸通道參數的情況下，根據輸入源信號的統計特性，僅由觀察信號就可從源信號中提取所需要特徵信號或恢復出源信號各個獨立成分。根據這一原理，運用盲信號分離技術可從觀測得到的地震信號中分離出有效波和多次波，以達到提高信噪比和分辨率的目的。由於盲信號分離技術也是剛剛起步，在地震信號處理中的應用也比較少，獨立分量分析作為盲信號分離的一種處理方法，發展相對成熟，本節試圖以此為突破口來研究地震信號多次波的盲分離問題，研究技術路線如圖 2.14 所示。

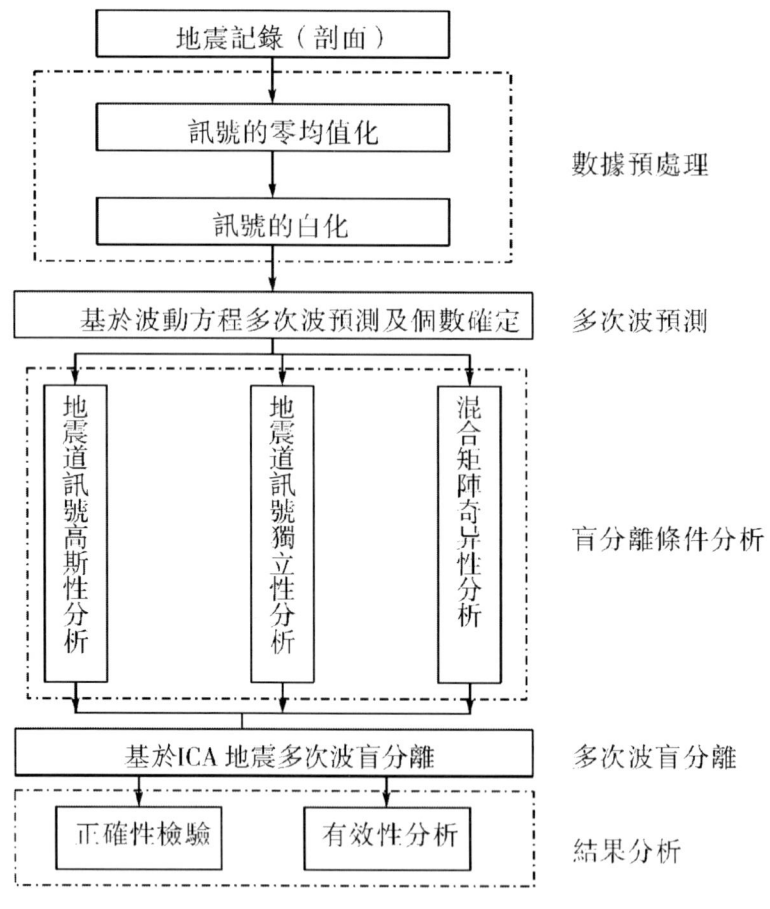

圖 2.14　地震多次波盲分離技術路線

2.2.2　獨立分量分析的算法原理

2.2.2.1　獨立分量分析問題的數學模型

獨立分量分析是指從若干觀測到的多個信號的混合信號中恢復出無法直接觀測到的獨立原始信號的方法。通常，觀測信號來自一組傳感器的輸出，其中每一個傳感器接收到多個原始信號的一組混合，如圖 2.15 所示[25]。

图 2.15 信号混合过程示意图

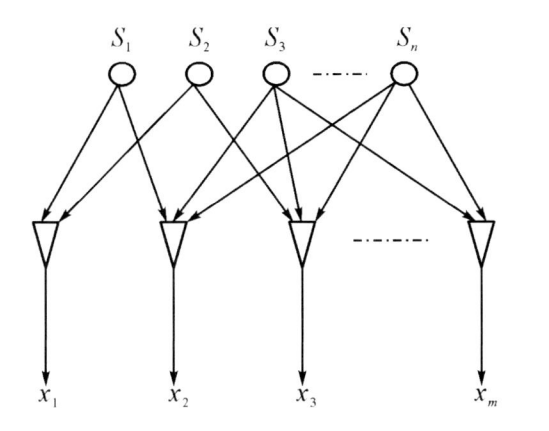

在图 2.15 中，n 个信号源 s_1，s_2，$\cdots$，s_n 所发出的信号被 m 个传感器接收到后得到输出 x_1，x_2，$\cdots$，x_m。这里假设传输是瞬时的，即不同信号到达各个传感器的时间差可以忽略不计，并且传感器接收到的是各个原始信号的线性组合，即认为第 i 个传感器的输出为：

$$x_i = \sum_{j=1}^{n} a_{ij} s_j(t) + n_i(t),\ i = 1, 2, \cdots, m \qquad (2.35)$$

其中，a_{ij} 为混合系数，$n_i(t)$ 为第 i 个传感器的观测噪声，$s_j(t)$ 为第 j 个原始信号。式 (2.35) 可以用矩阵表示为

$$X(t) = AS(t) + N(t) \qquad (2.36)$$

其中，$S(t) = [s_1(t), s_2(t), \cdots, s_n(t)]^T$ 是 $n \times 1$ 的原始信号列向量，$X(t) = [x_1(t), x_2(t), \cdots, x_m(t)]^T$ 是 $m \times 1$ 的混合向量，$N(t) = [n_1(t), n_2(t), \cdots, n_m(t)]^T$ 为 $m \times 1$ 的噪声向量，矩阵 A 为 $m \times n$ 的混合矩阵。

目前在考虑 ICA 问题时通常不考虑观测噪声，即认为不存在噪声或者在进行盲分离之前已经通过其他方法降低到了可以忽略的程度，此时，式 (2.36) 可以写成：

$$X(t) = AS(t) \qquad (2.37)$$

那麼 ICA 問題也就可以表述為，在混合矩陣 A 和原始信號 $S(t)$ 均未知的條件下，求一個 $n \times m$ 的分離矩陣 W，使得 W 對混合信號 $X(t)$ 的線性變換：

$$Y(t) = WX(t) \qquad (2.38)$$

為對原始信號 $S(t)$ 或某些分量的一個可靠估計。如果將式（2.37）和式（2.38）合併得到：

$$Y(t) = WX(t) = WAS(t) = CS(t) \qquad (2.39)$$

其中，$C = WA$ 為 $n \times n$ 矩陣，稱為混合—分離複合矩陣。

由式（2.37）、（2.38）、（2.39）可以看出，ICA 模型是一種統計「隱藏變量」的模型[56]，其中的獨立分量 $s_i(t)$ 是隱藏的變量，不能被直接觀測到。而混合矩陣 A 也是未知矩陣，ICA 可直接利用的信息只有傳感器觀測到的隨基向量 $x_i(t)$。若無任何前提條件，要僅由 $X(t)$ 估計出 $S(t)$ 和 A，ICA 問題的解必為多解，即對於一組觀測信號 $X(t)$，可能存在許多不同的混合矩陣 A 和原始信號 $S(t)$。為使 ICA 問題有確定的解，有必要給出 ICA 問題的假設和約束條件[30][57]：

（1）混合矩陣 $A \in R_{m \times n}$ 為列滿秩，即 $rank(A) = n$。

（2）各原始信號 $s_i(t)$ 為零均值平穩隨機過程，各分量之間相互統計獨立。若 $s_i(t)$ 的概率密度函數（pdf）為 $p_i(s_i)$，則源信號向量 S 的 pdf 為：

$$p_S(S) = \prod_{i=1}^{n} p_i(s_i) \qquad (2.40)$$

（3）原始信號各分量中，服從高斯分佈的分量不超過一個，否則，原始信號不可分離。

（4）噪聲 $N(t)$ 為零均值隨機矢量，且與原始信號 $S(t)$ 相互統計獨立，或者噪聲可忽略不計。

2.2.2.2 信號預處理

在對混合信號進行 ICA 處理之前，通常需要先對信號進行一些預處理，最常見的預處理過程主要有兩個，一是去除信號的均值,二是信號的白化。

1. 信號的零均值化

在絕大多數 ICA 算法中,都假設原始信號的各個分量是均值為零的隨機變量,因此為了使實際的 ICA 問題能夠符合所提出的數學模型,必須在分離之前預先去除信號的均值。去除信號均值的過程是一個平凡的過程。設 X 為均值不為零的隨機變量,只需要用 $\bar{X} = X - E(X)$ 代替 X 即可。在實際計算中則用算術平均代替其數學期望來對隨機變量的樣本去均值。設 $X(t) = (x_1(t), x_2(t), \cdots, x_n(t))^T$,$t = 1, 2, \cdots, N$ 為隨機矢量 X 的 N 個樣本,則採用以下方法去除樣本的均值:

$$\bar{x}_i(t) = x_i(t) - \frac{1}{N}\sum_{i=1}^{N} x_i(t), \quad i = 1, 2, \cdots, n \quad (2.41)$$

2. 信號的白化

所謂隨機矢量 X 的白化,就是通過一定的線性變換 T,令:

$$\tilde{X} = TX \quad (2.42)$$

使得變換後的隨機矢量 $\tilde{X}$ 的相關矩陣滿足 $R_{\tilde{x}} = E[\tilde{X}\tilde{X}^T] = I$,即 $\tilde{X}$ 的各個分量滿足 $E[\tilde{X}\tilde{X}^T] = \delta_{ij}$,其中 δ_{ij} 為克羅內克(Kronecker delta)函數。對混合信號的白化實際上就是去除信號各個分量之間的相關性,即使得白化後的信號的分量之間二階統計獨立。式(2.42)中的 T 稱為白化矩陣。

信號白化的方法主要有兩類[25],一是利用混合信號的相關矩陣的特徵值分解實現,另一類是通過迭代算法對混合信號進行線性變換實現。下面分別加以說明。

(1)相關矩陣特徵值分解

設混合矢量 X 的相關矩陣為 R_X,則由相關矩陣的性質可知,R_X 存在特徵值分解為:

$$R_X = Q\Sigma^2 Q^T \quad (2.43)$$

其中,矩陣 Σ^2 為對角矩陣,其對角元素 λ_1^2,λ_2^2,$\cdots$,λ_n^2 為矩陣

R_x 的特徵值，而正交矩陣 Q 的列矢量為與這些特徵值對應的標準正交的特徵矢量。於是可以取白化矩陣為：

$$T = \Sigma^{-1} Q^T \qquad (2.44)$$

設 $\tilde{X} = TX$，則有：

$$R_{\tilde{X}} = E[\tilde{X}\tilde{X}^T] = TE[\tilde{X}\tilde{X}^T]T^T = TR_x T^T \qquad (2.45)$$

將式（2.42）和式（2.44）代入式（2.45）有：

$$R_{\tilde{X}} = (\Sigma^{-1} Q^T)(Q\Sigma^2 Q^T)(\Sigma^{-1} Q^T)^T = I \qquad (2.46)$$

因此，通過矩陣 T 的變換，混合信號各分量之間變得不相關了。

對相關矩陣來說，其特徵值分解和奇異值分解是等價的，因此也可以通過對混合信號矢量的相關矩陣的奇異值分解來求白化矩陣。通常矩陣的奇異值分解的數值算法比特徵值分解的數值算法具有更好的穩定性，因此一般採用混合信號相關矩陣的奇異值分解來求白化矩陣。

在實際計算中，混合信號的相關矩陣只能通過混合信號的樣本來估計。設 $x(1), x(2), \cdots, x(N)$ 為混合信號隨機矢量的一組樣本，則混合信號的相關矩陣可由下式估計：

$$\hat{R}_x = \frac{1}{N-1} \sum_{i=1}^{N} x(i) x(i)^T \qquad (2.47)$$

（2）混合信號的迭代算法

混合信號白化的另一類方法是通過對某些代價函數的最小化來實現。由於白化的目的是尋找一個白化矩陣 T 使得變換以後得到的新矢量的相關矩陣為單位矩陣，因此可以取 $Z(t) = T(t)X(t)$，通過迭代不斷調整變換矩陣 $T(t)$ 的各個元素的值，並逐漸縮小新矢量 $Z(t)$ 的相關矩陣和單位矩陣之間的「距離」，以此來實現混合信號的白化。設 $Z(t) = T(t)X(t)$，一個可行的方法是按下式進行迭代：

$$T(t+1) = T(t) - \lambda_t [Z(t)Z(t)^T - I] T(t) \qquad (2.48)$$

其中，λ_t 為學習系數，設 $C = TA$ 為混合—白化複合矩陣，通過對代價函數：

$$\varphi_u(C) = \frac{1}{4} \| R_y - I \|_F \qquad (2.49)$$

來進行優化。不難看出，當式（2.48）的迭代算法收斂後，將有 $E[Z(t)Z(t)^T - I] = 0$，即 $R_z = I$，因此迭代算法（2.48）能夠實現混合信號的白化。

2.2.2.3　獨立分量分析的優化判據

在 §2.2.2.1 節中我們知道，ICA 問題實際上是一個沒有唯一解的優化問題，因此只能在某一衡量獨立性的判據最優的意義下尋找其近似解答，使得 $Y(t)$ 中各分量盡可能獨立。

由於 ICA 問題的第一步是信號白化，白化後的信號已經是二階統計獨立，因此下一步的分解算法只考慮三階以上的統計量。

既然 ICA 是在某一判據意義下進行的尋優計算，所以問題實際包含兩個部分，首先是採用什麼判據作為一組信號是否接近相互獨立的準則，這是本節將重點討論的問題，其次是用怎樣的算法來實現這樣的目標，它是後面章節將要討論的問題。

1. 互信息最小化

ICA 的目的是使輸出信號 $Y(t)$ 盡可能獨立，而 KL 散度（或互信息）則是統計獨立性的最佳測度[58]。設 x 是 n 維列向量，$p_1(x)$ 和 $p_2(x)$ 是兩個概率密度函數，它們之間的相似程度可用 KL 散度來衡量：

$$KL[p_1(x) \| p_2(x)] = \int_x p_1(x) \log\left[\frac{p_1(x)}{p_2(x)}\right] dx \qquad (2.50)$$

KL 值越大，則兩者越不相似。當 $p_1(x) = p_2(x)$ 時，KL 值為 0。

設 n 維輸出列向量 y 的概率密度函數為 $p_y(y)$，各分量 y_i 的

概率密度函數為 $p_i(y_i)$，則可用 $p_y(y)$ 與 $\prod_{i=1}^{n} p_i(y_i)$ 之間的 KL 散度來衡量 y 各個分量之間的統計獨立性。這種測度稱為輸出 y 各分量間的互信息，即：

$$I(y) = KL[p_y(y) \| \prod_{i=1}^{n} p_i(y_i)]$$
$$= \int_y p_y(y) \log[\frac{p_y(y)}{\prod_{i=1}^{n} p_i(y_i)}] dy \quad (2.51)$$

2. 信息傳輸最大化或負熵最大化

在噪聲較低的情況下，輸入與輸出之間互信息最大化（信息傳輸最大化）意味著輸入與輸出之間的信息冗餘達到最小，這樣就使得各輸出之間的互信息最小，從而各輸出分量相互統計獨立[31][58][60]。

系統輸出負熵 $J(y) = H(y_g) - H(y)$，其中 $H(\cdot)$ 為熵，y_g 是與 y 方差相同的高斯隨機向量。由於負熵與互信息的關係為：

$$I(y) = J(y) - \sum_{i=1}^{n} j_i(y_i) + \frac{1}{2}\log[\frac{\prod_{i=1}^{n} C_{ii}}{get(C)}] \quad (2.52)$$

其中，C 為 y 的協方差矩陣，C_{ii} 是 C 的對角元素。當 y 的各個分量不相關時，式（2.52）可簡化為

$$I(y) = J(y) - \sum_{i=1}^{n} j_i(y_i) \quad (2.53)$$

由此可得，最小化輸出信號 y 各分量之間的互信息等價於最大化各分量的負熵和 $\sum_{i=1}^{n} j_i(y_i)$，即基於負熵的目標函數為：

$$\rho(y) = \sum_{i=1}^{n} j_i(y_i) \quad (2.54)$$

3. 最大似然目標函數

設 $\hat{p}_x(x)$ 是對觀測向量 x 的概率密度 $p_x(x)$ 的估計，原始信號的概率密度函數為 $p_s(s)$。因為 $x = As$，故有 $\hat{p}_x(x)$

$$= \frac{p_s(A^{-1}x)}{|\det A|}。$$

對於給定模型，觀測數據 x 的似然函數是模型參數 A 的函數，為：

$$L(A) = E\{\log \hat{p}_x(x)\} = \int p_x \log p_s(A^{-1}x)dx - \log|\det A| \quad (2.55)$$

當模型參數為分離矩陣 $W = A^{-1}$ 時，對數似然函數為：

$$L(W) = \frac{1}{T}\sum_{t=1}^{T}\{\log p_s(Wx(t))\} + \log|\det W| \quad (2.56)$$

其中，T 為獨立同分佈觀測數據的樣本數[61][62][63]。

2.2.2.4 獨立分量分析算法

1. 成對數據旋轉法（Jacobi）及極大峰度法（Maxkurt）

這種方法的處理過程有兩步，首先將觀測數據白化，然後再對白化後的數據作正交變換，作為優化度量獨立性的判據。前一步使數據正交化，但未必獨立，後一步則在保持熵值不變的前提下使各分量盡可能獨立[31][62][64]。

（1）吉文斯（Givens）旋轉

吉文斯（Givens）旋轉是在 Jacobi 算法的基礎上，通過一種迭代步驟，按照一定優化要求對一個隨機矢量進行正交歸一變換的方法，通過反覆進行一系列坐標平面旋轉來達到正交歸一變換的目的。

令 z 為 $M \times 1$ 矢量，對它的 i,j 分量按下式作平面旋轉，同時保持 z 中其他分量不變：

$$\begin{bmatrix} z_i \\ z_j \end{bmatrix} \Leftarrow \begin{bmatrix} \cos\theta_{ij} & \sin\theta_{ij} \\ -\sin\theta_{ij} & \cos\theta_{ij} \end{bmatrix} \begin{bmatrix} z_i \\ z_j \end{bmatrix} \quad (2.57)$$

當按照上式把所有 $\frac{M(M+1)}{2}$ 對 z_i, z_j 都作過一輪旋轉後，

因為旋轉其他 z_i, z_j 時，序號 i, j 需要重複使用，因此以前已經做過旋轉的 z_i, z_j 還會受影響，所以需要反覆進行，其處理步驟為：

①第一輪旋轉：對所有 $\dfrac{M(M+1)}{2}$ 對元素進行一次以下變換：

（a）計算 Givens 旋轉角 θ_{ij}，其目標是使旋轉後的 z_i, z_j 能使優化判據 $\varepsilon(z)$ 減小。

（b）如果計算得到的 $|\theta_{ij}|>$ 預設閾值 $\theta_{\min}$，則對 z_i, z_j 按照式（2.57）進行旋轉，否則保持不變。

②重複上一步旋轉過程，直到前輪旋轉中所有各對 z_i, z_j 均不再需要旋轉為止。

（2）極大峰度法

在上述步驟中有兩個關鍵問題：

①閾值 $\theta_{\min}$ 如何確定，它直接影響優化結果的準確程度。根據卡多索（Cardoso）的經驗可取 $\theta_{\min}=10^{-2}/$（樣本集總數）。

②如何確定每次旋轉角 θ_{ij}，本書採用白化數據輸入條件下的極大似然判據 ε^{ML} 為例加以說明。

根據 ML 判據，對正交變換後的輸出 y 有：

$$\varepsilon^{ML}(y) \approx \frac{1}{4}\sum_{ij}\left[K_{ij}(y)-\sigma^2(s_i)\delta_{ij}\right]^2$$
$$+\frac{1}{48}\sum_{ijkl}\left[K_{ijkl}(y)-k_4(s_i)\delta_{ijkl}\right]^2 \quad (2.58)$$

其中，K_{ij}，K_{ijkl} 分別表示二階及四階聯合統計量；σ^2，k_4 分別表示方差和峰度。

經白化及正交變換後 $K_{ij}(y)=\delta_{ij}$，又根據原始假設 $\delta^2(s_i)=1$，於是有：

$$\varepsilon^{ML}(y) = \frac{1}{48} \sum_{ijkl} [K_{ijkl}(y) - k_4(s_i)\delta_{ijkl}]^2$$

$$= \frac{1}{48} \sum_{ijkl} [K_{ijkl}(y) - \sum_{ijkl} k_4^2(s_i)\delta_{ijkl}^2 - 2\sum_{ijkl} k_4(s_i)\delta_{ijkl}K_{ijkl}(y)]$$

(2.59)

上式中第二項與 y 無關，又在白化輸入下第一項 $K_{ijkl}(y)$ 為常數，而第三項只有在 $i=j=k=l$ 時有值，故上式可以寫成：

$$\varepsilon^{ML}(y) \stackrel{c}{=} -\frac{1}{24} \sum_{i=1}^{M} k_4(s_i)k_4(y_i) \stackrel{c}{=} -\frac{1}{24} \sum_{i=1}^{M} k_4(s_i)E(y_i^4)$$

(2.60)

式（2.60）中 $\stackrel{c}{=}$ 表示與原式只相差一些與 y 無關的項（包括常數），該式即為 Maxkurt 算法的表達式。

為了說明如何確定 θ_{ij}，以一個簡單情況進行說明。假設 $k_4(s_1) = k_4(s_2) = \cdots = k_4(s_M) = k_4$，此時（2.60）式可簡化為：

$$\varepsilon^{ML}(y) = -k_4 \sum_{i=1}^{M} E(y_i^4) = \mu_{ij} - k_4 \lambda_{ij} \cos(4\theta_{ij} - \Omega_{ij})$$

(2.61)

其中，μ_{ij} 為 ε^{ML} 中與 θ_{ij} 無關的項；λ_{ij}，Ω_{ij} 均可由白化數據 z_i，z_j 求得。因此不難通過單變量尋優求得 θ_{ij}。

2. 特徵矩陣的聯合近似對角化法（JADE 法）

1999 年卡多索（Cardoso）對 Maxkurt 算法作了一些改進，主要特點是加強算法的代數概念，即引入多變量數據的四維累積量矩陣，並對其作特徵分解。這樣既簡化了算法，也提高了算法的穩健性[61]。其具體做法如下：

令 Z 為白化後的 n 通道觀測矢量，$Z = [z_1, z_2, \cdots, z_n]^T$，$M$ 為任意 $n \times n$ 矩陣，Z 的四維累積量矩陣 $Q_z(M)$ 的定義為：

$$[Q_z(M)]_{ij} \stackrel{def}{=} \sum_{k=1}^{n} \sum_{l=1}^{n} K_{ijkl}(z) \cdot m_{kl}, \quad i,j = 1, 2, \cdots, n \quad (2.62)$$

其中，$K_{ijkl}(Z)$ 表示矢量 Z 中第 i，j，k，l 四個分量的四維累積量。

若令 $V = WA$，其中 A 為混合矩陣，W 為白化矩陣，即 $Z = VS$，由於信源 S 和白化數據 Z 的方差都是 1，且 S 中各元素相互獨立，Z 中各元素相互正交，故 V 必定正交歸一。若取 $M = v_i v_i^T$，$m = 1, 2, \cdots, n$，則以 M 為權重陣構成的累積量陣可分解為：

$$Q_z(M) = \lambda M \tag{2.63}$$

其中，$\lambda = k_4(s_i)$ 是信源 s_i 的峰度，故 M 稱為 $Q_z(M)$ 的特徵矩陣，而 $k_4(s_i)$ 是其特徵值。

因此只要完成了 $Q_z(M)$ 的特徵分解，就能得到它的各特徵矩陣 $M = v_i v_i^T$，和各特徵值 $\lambda = k_4(s_i)$。如果各信源的峰度各不相同，各 v_i 和 λ_i 也不相同，就能得到 V 的各列，進而求得 A 和各獨立分量。

由式（2.62）和式（2.63）得到的結果很不穩健，而且當特徵根有重根時不能應用，更實用的方法是採用 JADE 法。其基本思想是，根據式（2.62）知 $Q_z(M)$ 是對稱陣，並且 $Q_z(M) = k_4(s_i)M$，$M = v_i v_i^T$ 是它的一個特徵分解，則 $Q_z(M)$ 可以表示成 $V\Lambda(M)V^T$ 的形式，其中：

$$\Lambda(M) = V^T Q_z(M) V = Diag[k_4(s_1)v_1 M v_1^T, \cdots, k_4(s_N)v_n M v_n^T] \tag{2.64}$$

因此 JADE 法的主要思想就是根據式（2.64），尋找能通過 $V^T Q_z(M) V$ 將 $Q_z(M)$ 對角化的 V 陣，從而做出辨識和分解。實際操作時，只取一個 M 矩陣所得結果往往不夠理想，通常是取一組矩陣 $M = [M_1, M_2, \cdots, M_P]$，並對每一個 M_i 求 $Q_z(M_i)$，然後尋找 V 陣使之同時滿足各 $Q_z(M_i)$ 都盡可能對角化。

3. 串行更新的自適應算法

該方法主要採用相對或自然梯度算法，主要有兩個步驟[59]，如圖 2.16 所示。

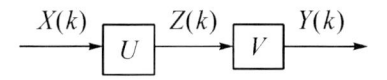

$$X(k) \rightarrow \boxed{U} \xrightarrow{Z(k)} \boxed{V} \rightarrow Y(k)$$

圖 2.16　串行更新自適應算法示意圖

第一步是球化矩陣 U 的自適應調節。該過程常常採用如下自然梯度 $\nabla U(k)$ 迭代公式：

$$\begin{aligned} U(k+1) &= U(k) - \mu_k [Z_k Z_k^T - I] U(k) \\ &= [I - \mu_k (Z_k Z_k^T - I)] U(k) \end{aligned} \quad (2.65)$$

由式（2.65）可以看出，當系統收斂後上式第二項應等於 0，因此有 $Z_k Z_k^T = I$，即輸出被球化。

一般情況下，球化可以使下一步分解更容易也更穩定，但如果混合矩陣 A 病態或 $S(k)$ 中某些源遠弱於其他源，則也可能使分解困難，因此最好在收斂後檢查 $Z_k Z_k^T$ 是否接近單位陣。

第二步是歸一化矩陣 V 的自適應調節。假設目標函數可以寫成 $\varepsilon(V) = E[f(Y)]$ 形式，由於 V 是正交歸一的，因此也希望調節後的系數矩陣 $V + \delta V$ 仍接近正交歸一。由於：

$$(V + \delta V)(V + \delta V)^T = I + \delta + \delta^T + \delta \delta^T \quad (VV^T = I) \quad (2.66)$$

若忽略二階項 $\delta \delta^T$，要使 $V + \delta V$ 接近正交歸一，必須有 $\delta + \delta^T = 0$，即 δ 必須是斜對稱的。也就是說，在保持 V 正交歸一的前提下，最適合的下降方向應通過把相對梯度 $\nabla_r(V)$ 投影到斜對稱矩陣的空間來取得，因此串行更新方程可以表示為：

$$\begin{aligned} V(k+1) &= V(k) - \mu_k [f'(Y_k) Y_k^T - Y_k f'^T(Y_k)] V(k) \\ &= \{I - \mu_k [f'(Y_k) Y_k^T - Y_k f'^T(Y_k)]\} V(k) \end{aligned} \quad (2.67)$$

4. 獨立分量分析算法分析與總結

§2.2.2.1 節到 §2.2.2.3 節對目前比較常用的 ICA 算法進行了說明和分析，其中成對數據旋轉法及最大峰度法和特徵矩陣的聯合近似對角化法均屬於批處理算法，而串行更新的自適應算法屬於自適應算法。所謂批處理是指依據一些已經取得的數據來進行處理，而不是隨著數據的不斷輸入做遞歸處理。這類方法計算比較繁瑣，效果也不太好，儘管不少學者做了不少改進，但仍然應用較少。

自適應處理庫隨著數據的陸續取得而逐步更新處理器參數，使處理所得逐步趨於期望結果（即最後結果趨於輸出各分量相互獨立）。它計算比較簡單，但是收斂速度慢，經過研究者們不斷改進，特別是結合人工神經網絡，使得自適應處理的應用範圍比批處理更為廣泛一點。

目前還有一類較為流行的處理方法為逐次提取方法（也稱為投影追蹤），其特點是通過把高維數據沿某一特定方向投影到低維空間上來探查高維數據的結構，然後把所得結果從原始數據中去除，然後再對剩余數據重複上述操作，如此不斷重複，從而逐步探明原始數據的結構。該類方法與前兩類方法的不同之處在於，前兩種方法是通過一次計算把所有獨立分量同時分解出來，而投影追蹤則是按一定次序把獨立分量逐個提取出來，每提出一個，就把該分量從原始數據中減去，然後再對剩下的數據進行下一輪提取。

獨立分量逐次提取算法較多，我們將在§2.2.4 盲分離 ICA 算法設計一節中重點討論基於峰度和負熵的 ICA 固定點算法。

2.2.2.5 分離效果的檢驗方法

在對盲信號分離的計算機仿真中，為了檢驗算法是否實現了信號源的盲分離，最簡單的方法就是分離矩陣最終的輸出波形，並與源信號的波形進行對比。這種方法具有直觀的優點，但只能定性地說明問題，並且在處理較多數據時往往不夠方便。另外，對於利用迭代方法進行盲分離的算法，往往還需要考察其收斂速度和穩定性。簡單地進行波形對比顯然無法滿足這一要求。為了使對盲分離算法性能的測試有一個定量的標準，或是能夠較好地比較不同算法的優劣，如收斂速度、穩定性和分離效果等，必須針對盲分離問題的特點提出一個性能指標[64][65]。

設混合信號的數目為 m，源信號數目為 n，當 $m=n$ 時，只要找到 $n\times n$ 的分離矩陣 W，使得混合—分離複合矩陣 $C=WA$ 等於一個排列矩陣（即初等矩陣）P 和滿秩對角矩陣 D 的乘積，就實現了信號源的分離。以 $m=3$ 為例，若 $P=\begin{bmatrix}0&1&0\\1&0&0\\0&0&1\end{bmatrix}$ 和 $D=\begin{bmatrix}\alpha&0&0\\0&\beta&0\\0&0&\gamma\end{bmatrix}$，$\alpha\neq 0$，$\beta\neq 0$，$\gamma\neq 0$，則：

$$y(t)=\begin{bmatrix}y_1(t)\\y_2(t)\\y_3(t)\end{bmatrix}=PDs(t)=\begin{bmatrix}0&1&0\\1&0&0\\0&0&1\end{bmatrix}\begin{bmatrix}\alpha&0&0\\0&\beta&0\\0&0&\gamma\end{bmatrix}\begin{bmatrix}s_1(t)\\s_2(t)\\s_3(t)\end{bmatrix}$$

$$=\begin{bmatrix}\beta s_2(t)\\\alpha s_1(t)\\\gamma s_3(t)\end{bmatrix}$$

即 $y_1(t)=\beta s_2(t)$，$y_2(t)=\alpha s_1(t)$，$y_3(t)=\gamma s_3(t)$。除了真實幅度和排列順序的差別外，分離矩陣的輸出 $y(t)$ 完好的回復了源信號 $s(t)$ 的各分量的波形。

實際的盲信號分離算法只能做到使混合—分離複合矩陣盡量接近一個廣義排列矩陣。因此，為了定性地評價一種盲信號分離算法的性能，一個合理的方法就是利用實際的混合—分離複合矩陣和廣義排列矩陣之間的差別來作為分離效果的評價指標，由此定義盲分離算法的性能指標如下：

$$PI(C)=\sum_{i=1}^{n}\left(\sum_{j=1}^{n}\frac{|c_{ij}|}{\max_{k}|c_{ik}|}-1\right) \qquad (2.68)$$

其中，c_{ij} 為混合—分離複合矩陣 C 的第 i 行第 j 列的元素。不難看出，盲分離性能指標是一個不小於零的數，即 $PI(C) \geq 0$，當且僅當 C 為一個廣義排列矩陣時，有 $PI(C) = 0$。

如果盲分離算法是利用一定的方法，通過不斷的迭代使混合—分離複合矩陣逐漸收斂於一個廣義排列矩陣，即：

$$\lim_{t \to \infty} C(t) = \lim_{t \to \infty} W(t) A = PD \tag{2.69}$$

則通過計算每一步迭代的性能指標 $PI(C(t))$，還可以非常直觀地顯示算法的收斂速度。

除了利用性能指標 $PI(C)$ 來評價算法的分離效果和收斂速度以外，還可以利用源信號波形和從混合信號中恢復出來的信號波形之間的相關係數來對算法的分離效果進行評價。設 s_i 為源信號矢量 s 中的第 i 個源信號，$\tilde{s}$ 為盲分離算法對 s 的估計，而 $\tilde{s}_j$ 為 $\tilde{s}$ 中對應於源信號 s_i 的分量（由於盲分離問題的排列順序不確定性，一般來說 $i \neq j$），則 s_i 與其估計值 $\tilde{s}_j$ 之間的相關係數為：

$$\rho_{ij} = \frac{\operatorname{cov}(s_i, \tilde{s}_j)}{\sqrt{\operatorname{cov}(s_i, s_i)\operatorname{cov}(\tilde{s}_j, \tilde{s}_j)}} \tag{2.70}$$

其中，$\operatorname{cov}(s_i, \tilde{s}_j) = E\{[s_i - E(s_i)][\tilde{s}_j - E(\tilde{s}_j)]\}$ 為 s_i 與 $\tilde{s}_j$ 之間的協方差。相關係數具有性質：① $|\rho_{ij}| \leq 1$；② $|\rho_{ij}| = 1$ 的必要充分條件是 s_i 與 $\tilde{s}_j$ 依概率為 1 的線性相關；③若 s_i 與 $\tilde{s}_j$ 統計獨立則 $|\rho_{ij}| = 0$。

根據相關係數三個性質可知，當盲分離算法的分離結果 $\tilde{s}_j$ 確實是源信號 s_i 的較好估計時，將有 $|\rho_{ij}| \approx 1$，否則 $|\rho_{ij}| \approx 0$。因此通過計算源信號 s_i 和盲分離算法對其的估計 $\tilde{s}_j$ 之間的相關係數，就可以定量的對算法的分離效果進行評價。

2.2.3 地震信號多次波分離技術

2.2.3.1 多次波的概念及分類

多次波，顧名思義就是多於一次反射的波。它是地震勘探尤其是海上地震勘探較為常見的一種干擾波，常常產生於波阻抗差很大的界面上（地面或海水面）。當地下一次反射波向上傳播遇到這個界面時，又可能從這個界面反射向下傳播，當遇到地下反射界面時，又可能再次發生反射返回地面，如此往返，就形成了多次波。如果在淺、中層存在良好的反射界面並產生多次波，就可能掩蓋中、深層的一次有效波，當剖面上多次波較強時，在地震解釋中就不能正確地把多次波識別出來，就會造成錯誤的地質解釋，例如斷層被淹沒、有利構造消失等。

為了有效地消除多次波，有必要對多次波的類型及形成機理做進一步的研究，多次波的類型很多[66]，如圖2.17，主要分為短程多次波和長程多次波。

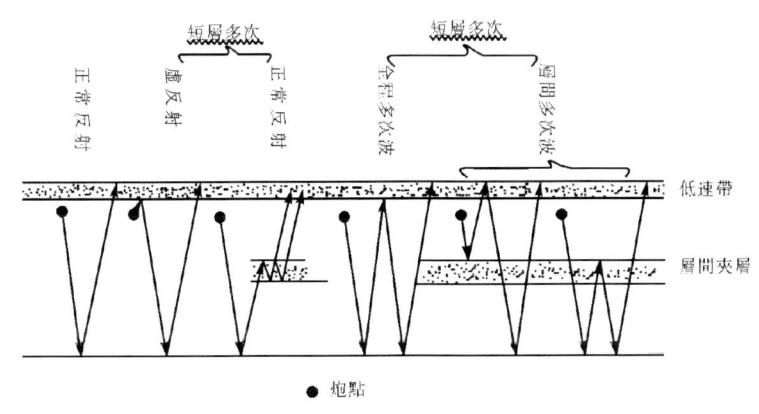

圖2.17 多次反射波示意圖

1. 長層多次反射

在某一深度界面發生反射的波在地表（地面或海水面）發生反射，然後又向下在同一界面或其附近的界面發生反射，來回多次，形成比較明顯的同向軸，其中最簡單的是一次波的倍數。

多次反射波至少包含深層的兩次反射信息，它的振幅主要由深層界面處的反射系數所決定，當反射系數很高時，由於多次來回反射，形成多次的多次反射波。在一般情況下，介質的層速度隨深度的增加而增加，長層多次反射波與相同波至時間的一次反射波相比，通常更多的是在剖面的淺部傳播的，他們一般都具有較大的時差，因此導致了基於時差差異的多次波消除法的出現。

常見的長層多次反射波有全層多次波和層間多次波。

2. 短層多次反射

短層多次反射與長層多次反射的主要區別是，短層多次反射波波尾隨一次反射波到達，它只給一次波加上波尾。短層多次波在確定地震上所有波形中是重要的，它們是在薄的反射層的上下界面上連續反射及有關主反射界面上反射形成的（常稱為微曲多次波）。這些微曲多次波具有一部分延遲效應的能量，因此會拉長子波。較強的微曲多次波時常與一次波有相似的極性。

2.2.3.2　傳統多次波壓制方法及其優缺點

從地震勘探開始地震勘探開發人員就不斷努力解決多次波問題，並形成了許多壓制多次波的方法。國內學者陳祖傳把當前多次波壓制技術分為三大類，約三十種方法[67]。

第一類，利用一次波與多次波之間正常時差的差別。由於在一次波與多次波的干涉處，多次波是由淺層的全層或層間的多次波反射所形成，波的傳播速度為淺層的速度，要比干涉處的一次波速度低，道集上兩者的正常時差是有區別的。不少壓制方法就是基於這種差別，如共中心點疊加法、二維濾波法、局部相干濾波法、樣點調序法等。

第二類，多次波模型減去法。這類方法是先求得準確的多次波模型，然後減去多次波，從而達到消除多次波的目的。如波動方程外推法、表層（自由界面）多次波衰減法、模型擬合法、減去法等。

第三類，利用多次波的重複特性和統計特性。這類方法是利用多次波的週期重複出現的統計特性，採用數字預測算子以消除多次波，如預測反褶積等。

下面羅列幾個具有代表性的傳統處理方法，簡述其基本原理。

1. 共中心點疊加法

這是現代地震數據處理的基石。用一次波的速度做動校正，這時一次波被校平而多次波仍有剩餘時差，通過疊加使一次波得到增強而多次波得到削弱。為了提高壓制多次波的效果採用加權疊加（炮檢距與權系數成某種比例關係，使多次波剩餘時差較大的道有較大的權系數）。參考文獻［68］說明了一種最佳加權疊加法，用最小二乘方法求解疊加各道的權系數，使疊加效果最佳，接近於一次波而使有剩餘時差的多次波得到最大的削弱。1973 年，E. 卡薩諾（E. Cassano）等人提出了最佳濾波疊加方法，該方法用最小二乘方法求解各疊加道的濾波因子，使疊加達到最佳壓制多次波從而最佳逼近一次波[44]。當多次波剩餘時差達到 50ms 以上，一般疊加可使多次波削弱 10dB 到 20dB，而最佳加權疊加和最佳濾波疊加還可使多次波再削弱 20dB 左右。這只是理論上分析的效果，由於實際疊加各道的振幅均一性精度較低（理論上認為嚴格均一），故用計算而得的精度很高的權系數或濾波因子與之相乘或褶積，會使精度下降，無法達到理論最佳效果。

2. 預測反褶積

20 世紀 60 年代末期，預測反褶積的方法就已經提出。該方法認為地震道中的多次波是週期性發生的，而預測反褶積可以預測地震記錄中週期性同相軸，因而應用預測反褶積就可以壓制地震記錄中的週期性分量多次波。這個目的用大於 1 單位的預測步長達到，輸入道的自相關可用來確定壓制多次波合適的步長。實際上只有垂直入射，即零炮檢距的記錄才能保持多次波的週期性。因此，目的在於壓制多次波的預測反褶積對非零炮檢距資料，諸如共炮點或共中心點資料不一定完全有效。而且，實踐證明如果預測步長選擇不合適，則一次反射也容易被消除[69]。一般而言預測反褶積適用於克服週期不長的海水鳴震一類的多次波，而在傾斜疊加域中可以保持多次波的週期性及振幅，因此在傾斜疊加域中應用預測反褶積可以較好地壓制多次波。

預測反褶積包括很多假設條件，而有時資料並不能完全滿足這些條件，這就會造成壓制多次波的失敗。長的脈衝褶積算子有時會壓制一次反射。另外，理論上相繼的多次波之間需要準確不變的時間間隔，但實際資料中只有近道可以符合，在遠道上由於正常時差改變了時間間隔，這時預測反褶積可能不是消除而是增加了噪音。另外理論上毗鄰的多次波振幅必須嚴格地成幾何比例，但是可變增益補償會破壞這個比例。

3. 減去法

早在 20 世紀 70 年代，一些處理軟件[70]就採用以多次波的速度 vm 作動校正，相鄰幾道疊加以求得多次波的模型，之後再作反動校正作為道集上所求得的多次波。將原始道集減去所求得的多次波即為最終一次波的結果。這種減法只適用於多次波強於一次波，且多次波波形橫向基本不變的情況，否則求得的多次波模型很難與實際一致，顯然減去多次波後仍存在較多的剩余。

4. 自由界面多次波衰減法

SRMA 方法可以消除與自由界面有關的一切多次波[71]。該方法是針對疊前頻率空間域資料，以聲波波動方程波場理論為基礎，導出反演算子。該方法有如下優點：

（1）完全與速度無關。

（2）不需要地下介質模型的先驗估計，即無需知道地下介質的構造、反射系數等參數。

SRMA 方法是本書的應用對象，筆者以後的工作都是以此方法為前提而展開的研究。美國學者亞瑟・B. 韋格萊恩（Arthur B. Weglein）提出了一種現今流行的分類方法。他把壓制多次波的方法分為兩大類[50]：一類是基於有效波和多次波之間差異的濾波方法，簡稱為濾波方法；另一類是基於波動方程的預測減去法，簡稱為波動方程預測減去法，這種方法通過波動方程模擬實際波場或反演地震數據來預測多次波，然後把它從原始地震數據中減去。下面兩節將分別對這兩類方法進行詳細的闡述。

2.2.3.3 濾波方法

濾波方法是利用多次波和有效波之間在波傳播運動學方面，如時間、速度等的差異，通過 $f-k$（頻率—波數）、$\tau-p$（時間—射線）等變換手段，把時間空間域（稱其為「舊域」）含有多次波的地震數據映射到其他特殊的區域（稱其為「新域」），有效波與多次波在「新域」會呈現出較之「舊域」更為明顯的差異性，如兩種波在剖面上分佈位置的不同。因此可以通過各種變換手段，把有效波和多次波分離開，進而濾除多次波。表 2.4 列出了基於有效波和多次波之間差異的幾種濾波方法[50][72]。

表 2.4 基於有效波和多次波之間差異的濾波方法

用濾波方法來消除多次波		
域	算法	所利用的特徵差異
T	預測反褶積	週期性
$tau-p$	Rondon 變換加預測反褶積	週期性
$t-x$	疊加	可分離性
$t-x$	基於剩餘時差分析的疊加	可分離性
主成分	特徵譜加切除濾波	可分離性
$f-k$	2-D 傅立葉變換加切除濾波	可分離性
$tau-p$	Rondon 變換加切除濾波	可分離性
$f-k$	3-D 傅立葉變換加切除濾波	可分離性
$f-k$	聚束濾波（MVO AVO PVO）	可分離性

濾波方法目前利用波的主要差異特徵是：多次波的週期性和有效波與多次波之間的可分離性。對於週期性差異，總是假設多次波具有週期性而有效波沒有週期性，例如長程多次波。對於可分離性差異，是指原始波場數據經過一些特殊變換之後，有效波和多次波在「新域」可以被明顯地分離開，再通過人工切除的方法來消除多次波。當上述假設不能很好滿足時，這些方法就不能獲得應有的效果。例如，多次波隨著偏移距的增加會越來越缺乏週期性；某些情況下，有效波也可能具有週期性，多次波和有效波會出現重疊現象。因此，在應用濾波方法時，應注意以下問題：

（1）當假設條件不能滿足時，多次波就不能完全被消除，甚至可能損傷有效波。

（2）不能用一維的方法來解決二維、三維地震數據中的多次波問題，多維空間壓制多次波的方法應該建立在多維波動理論基礎上。

當基於波傳播運動學基礎的濾波方法使用條件滿足，並有較好的壓制多次波效果時，其會被作為首選而被使用。這主要是因為濾波方法一般比波動方程壓制多次波方法易於實現，資料處理耗時少，成本低。

2.2.3.4　基於波動方程的預測減去法

基於波動方程壓制多次波的方法[86]，或稱為基於波動方程的預測減去法，其實現過程分為兩步：第一步預測多次波，又叫多次波建模，即利用波動方程模擬有效波波場的傳播及反射規律，然後據此推導多次波產生的數學模型，進而給出所需多次波的級數形式或迭代形式的表達式；第二步自適應相減，即把第一步中預測出的多次波從地震記錄中減去，從而只保留一次波（主波）的信息，視此為對地震資料解釋有效的信息。目前基於波動方程的預測減去法主要有三種[85]。

（1）波場外推法。

（2）反饋環法，簡稱反饋法。

（3）反散射級數法，簡稱反散射法。

波場外推法是用波場外推來模擬多次波；而反饋法和反散射法是通過疊前反演來預測多次波。也可以認為，波場外推法是模型驅動的，而反饋法和反散射法是數據驅動的。下面就這三個方法分別進行闡述。

波場外推法是模型驅動的。所謂模型驅動是指通過波場外推來模擬彈性波在水層中的傳播。該方法要求有：

（1）海水深度的一個先驗估計。

（2）用於自適應減去法的一系列參數的後驗估計。因此，該方法隱式地依賴於水底的反射系數和震源子波。當應用條件滿足時，這種方法已經被證明是地震處理中一種有效和重要的方法。反饋法[73][51][52]和反散射法[74][75][67]都是基於多次波發生下行反射的位置，於是多次波可分為兩類：自由界面多次波和內部多次波。一種是自由界面多次波，也可以稱其為與自由界面有關的多次波，這種多次波是指至少在自由界面發生一次下行反射所形成的波。另一種是內部多次波，或稱其為層間多次波，是指所有下行反射發生在除自由界面以外的其他反射界面的多次波，例如水底或在水底以下的反射界面產生的多次波。在§2.2.4中詳細介紹了自由界面多次波的概念，並給出典型多次波的示意圖。由於地震數據中主要的多次波干擾是由自由界面多次波產生的，因此如果能夠去除自由界面多次波，那麼也就等於去除了大部分的多次波干擾。

反饋法和反散射法都能夠預測和消除自由界面多次波和內部多次波，而且均是數據驅動的。反饋法是基於自由界面和層界面模型的，反散射法是基於自由界面和點散射模型的。這兩種方法運用的基本前提是，原始數據中包含了一次波和所有與反射界面有關的多次反射波的信息；同時多次波是由一次波通過這些反射界面而產生的。從這兩種方法使用時對數據的要求，可以知道稱它們是「數據驅動」的理由。建立這兩種方法的理論基礎是地震波傳播動力學，通過目前的理論和實際應用研究證明，這兩種方法具有較強的適應性和較好的應用效果。

1. 反饋法和反散射法對自由界面多次波的壓制

從彈性波在自由界面反射的物理特性可以推導出壓制自由界面多次波的方法，即在包含自由界面多次波的實際數據和沒有多次波的期望數據之間可以建立一種關係。這種關係的推導並沒有假設水下地層介質的情況。在數據的不同變換域，可以使用一個完全算子求解法或級數方法來實現濾波多次波。反饋方法和反散射法都是把自由界面當作產生於自由界面有關多次波的源。它們的不同之處在於對震源的模擬：反饋方法把震源當作一個在水中的垂直偶極子；反散射法把震源當作一個單極子。儘管這兩種方法在處理問題時的思想和具體實現上有所差別，但在實際應用中，這些差別被其他因素覆蓋了，如拖纜的偏轉、震源和檢波器的影響、消除虛反射的誤差等。

這兩種方法實際應用的前提包括：

（1）需要估算震源信號。

（2）要求補償缺失的近接收道。

數據採集所觀測到的震源信號可以實現和提高處理方法的有效性，同時也可以用來作為數據接收的質量監控手段。缺失的近接收道可以用道外推的方法進行合理地估計和補充。需要注意的是，這兩種壓制與自由界面有關多次波的方法完全不需要知道地層結構的先驗或後驗信息。然而為了更有效和準確地估算子波，人們有時不得不進行人工干預，由於人的經驗所限，這種人工干預往往會產生不可預知的誤差。

2. 反饋法和反散射法對內部多次波的壓制

內部多次波的反射界面通常很難精確確定，因此內部多次波很難預測，因而也較難進行有效的消除。此外，內部多次波具有與有效波相似甚至更高的速度，這使得內部多次波的壓制更為困難。但一般內部多次波的能量遠遠弱於自由界面多次波。

綜上，反饋法是根據實際介質和地層界面來模擬有效波和內部多次波。反散射法是根據參考介質和點散射原理來模擬有效波和內部多次波的。因此也就導致了這兩種方法在如下方面的不同：

（1） 多次波的分類。

（2） 消除多次波的算法。

（3） 先驗或後驗信息的要求。

兩種方法的共同之處是：

（1） 它們均能預測自由界面多次波和內部界面多次波，而且預測多次波並不要求多次波和一次波存在速度差異；即使多次波與一次波速度相同時，也能有效地預測多次波。這是這兩種方法的主要優點。

（2） 在從原始數據中減去預測的多次波時，只有當一次波與多次波正交才能完全消除多次波，但實際地震資料並不能完全滿足這樣的條件。這也是基於波動方程預測減去法共有的缺點。

（3） 在從原始數據中減去預測的多次波時，需要將預測的多次波數據與實際數據進行匹配，包括消除震源和接收器的影響以及預測時間和振幅等方面的誤差，以便獲得最佳的壓制多次波效果。表 2.5 列出了幾種基於波動方程壓制多次波方法的比較[85][86]。

表2.5　　　基於波動方程的多次波壓制方法

用預測減去法消除多次波			
方法	波場外推法	反饋法	反散射級數法
消除多次波基本類型	水底、微曲多次波	任意次自由界面多次波	任意次自由界面多次波
	第一界面的交混回響	內部多次波	內部多次波
基本物理單元	水層	自由界面	自由界面
	海底	層界面	點散射
附加信息	水層深度（先驗知識）	對於自由界面多次波不需要任何附加信息	不需要任何附加信息
	自適應減去（後驗估計）	對於內部多次波，需要一個先驗的速度模型	

2.2.4　基於獨立分量分析的多次波盲分離技術

2.2.4.1　研究對象說明

本節主要以壓制自由界面多次波為主。所謂自由界面多次波，是指至少在自由界面發生一次下行反射所形成的波。與自由界面多次波相對應的是內部多次波（或層間多次波），是指所有下行反射發生在除自由界面以外的其他反射界面（水底或水底以下的反射界面）的波。

圖2.18中給出了自由界面多次波和內部多次波直觀的圖像。從圖中可以看出，除（e）外，其餘均為自由界面多次波。可見自由界面的多次波包含了豐富的多次波類型，而地震數據中主要的多次波干擾是由自由界面多次波產生的，如果能去除自由界面多次波，就等於去除了大部分的多次波干擾。

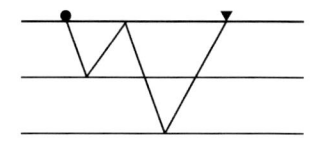

(a) 一次自由界面多次波　　(b) 一次自由界面多次波(海底多次波)

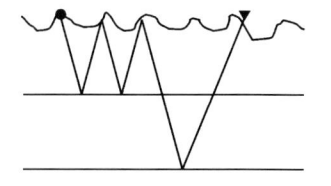

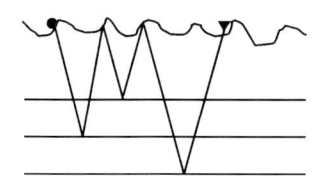

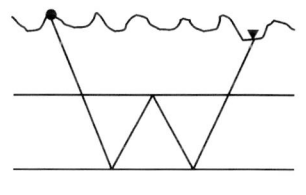

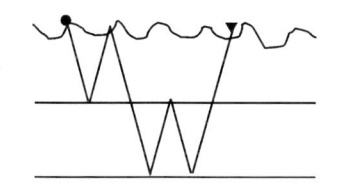

(c) 二次自由界面多次波　　(d) 二次自由界面多次波

(e) 內部多次波　　(f) 包含內部多次波的自由界面多次波

●震源　　▼檢波器

圖 2.18　典型多次波示意圖

2.2.4.2　多次波盲分離 ICA 模型的建立

如 §2.2.3 所述，基於波動方程的預測減去法通過波動方程模擬實際波場或反演地震數據來預測多次波，然後把它從原始地震數據中減去，來達到多次波壓制的目的。波動方程方法由於幾乎不需要先驗知識和具有較好的應用效果，已經成為壓制多次波方法和技術發展的主要趨勢。一般來講，基於波動方程的預測減去法可分為兩個步驟：

(1) 進行多次波預測，得到預測多次波。

(2) 設計自適應算子，使得預測多次波經過匹配處理後和實際數據中存在的多次波盡量一致，然後利用一個減法從實際地震數據中將多次波減去。

在多次波預測減去的過程中，對於多次波預測的研究主要集中在如何提高預測質量，來盡可能地消除預測多次波和實際多次波之間的不一致因素和降低計算量方面。然而，越來越多的學者認識到，多次波相減技術是基於波動方程的多次波預測減去法中最關鍵的一環，好的多次波相減技術不僅可以解決某些在多次波預測階段無法解決的預測多次波和實際多次波不一致的問題，而且還可以大大降低多次波預測的計算量。所以本節對預測多次波的機理和過程暫不做深入研究，僅將工作的重點集中在多次波相減技術的研究上。

多次波相減技術的重點和難點是如何利用不同的數學準則來獲取自適應參數，實現在觀測地震信號過程中的多次波和預測多次波的自適應匹配，從而達到既消除多次波又不損傷一次波的目的。現有的多次波自適應相減技術大都是採用輸出信號（一次波）能量最小原則[77]，這是基於二階統計量的技術。理論上講，僅當一次波和多次波正交時，利用基於二階統計量的優化準則才能完全地消除多次波，即完全恢復一次波。但在一般情況下，實際地震數據中的一次波和多次波並不是正交的，所以基於二階統計量能量函數的多次波自適應相減技術會導致估計得到的一次波中存在殘余的多次波。另外，由於實際數據處理中存在太多的因素，如非規則的數據採集系統，震源和接收器不在同一深度上等，使得預測得到的多次波和實際數據中的多次波不能很好地匹配，如它們之間存在不同的振幅尺度變化、不同的時間延遲等。但目前人們對多次波相減技術的研究還多是基於二階統計量的技術，很難完全解決這一問題。

為了克服基於二階統計量的多次波自適應相減技術存在的缺陷，本節嘗試利用獨立分量分析技術來解決多次波相減問題。

根據預測多次波和實際地震數據的關係以及§2.2.3所述的獨立分量分析的數學模型，我們可將地震數據與預測多次波作為觀測信號，把一次波和實際多次波看作源信號（系統輸入輸出模式如圖 2.19 所示），多次波相減即可被視為一個盲信號分離的過程。我們可以通過獨立分量分析技術把地震數據中的有效波和多次波分離出來，進而獲取有效波信息。

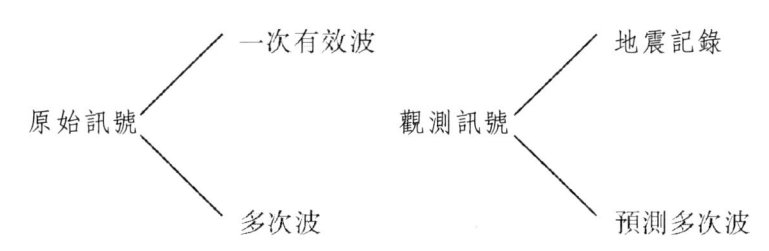

```
          一次有效波                地震記錄
         ╱                        ╱
原始訊號                  觀測訊號
         ╲                        ╲
          多次波                    預測多次波
```

圖 2.19　多次波盲分離系統輸入輸出模式

設 X，M' 分別表示實際地震信號和預測多次波，用 P，$m_i(i=1,2,\cdots,N)$ 分別表示實際一次波和多個多次波。這裡，我們利用多個多次波來表示預測多次波和實際多次波之間存在振幅尺度變化差異和不同時延。以單道記錄為例，地震信號的數學形式可以表示為：

$$X = p + \sum_{i=1}^{N} m_i \tag{2.71}$$

$$M' = \sum_{i=1}^{N} (w_i m_i * \delta(t - \tau_i)) \tag{2.72}$$

式中，w_i 表示振幅尺度變化的不同；τ_i 表示時延；$*$ 表示卷積運算；$\delta(t)$ 為狄拉克函數。

可以看出，如果不考慮實際多次波和預測多次波之間的振幅尺度變化的不同（即 w_i 不同）和時延不同（即 τ_i 不同），上述問題可以簡化為如下形式：

$$X = P + M \tag{2.73}$$

$$M' = \alpha M \tag{2.74}$$

其中，α 是預測多次波與實際地震信號中的多次波在振幅上相差的一個比例常數。

式（2.73）、(2.74) 就是多次波盲分離 ICA 模型的矩陣形式。我們令 $X = (x_1, x_2)^T$，$S = (P, m_1, m_2, \cdots, m_N)^T$ 分別表示觀測信號與原始信號；x_1，x_2 分別為實際地震信號和預測多次波。在考慮到預測多次波和實際多次波之間存在振幅尺度變化差異和不同時延的情況下，式（2.73）、（2.74）就可以寫成地震信號廣義的獨立分量分析模型，表示如下：

$$x_1 = p + \sum_{i=1}^{N} m_i \qquad (2.75)$$

$$x_2 = \sum_{i=1}^{N} w_i m_i * \delta(t - \tau_i) \qquad (2.76)$$

將上述兩式進行傅立葉變化，可以寫成如下矩陣形式：

$$X(\omega) = A(\omega) \cdot S(\omega) \qquad (2.77)$$

其中：

$$X(\omega) = \begin{bmatrix} X_1(\omega) \\ X_2(\omega) \end{bmatrix}, \quad S\omega) = \begin{bmatrix} P(\omega) \\ M_1(\omega) \\ \vdots \\ M_N(\omega) \end{bmatrix},$$

$$A(\omega) = \begin{bmatrix} 1 & 1 & \cdots & 1 \\ 0 & w_1 e^{-j\omega\tau_1} & \cdots & w_N e^{-j\omega\tau_N} \end{bmatrix} \qquad (2.78)$$

這裡，$X(\omega)$ 和 $S(\omega)$ 分別為觀測信號 $X = (x_1, x_2)^T$ 與源信號 $S = (P, m_1, m_2, \cdots, m_N)^T$ 的傅立葉變換形式。

從（2.78）中可以看出，當 $N > 1$ 時，式（2.77）是欠定的。我們需要解決的問題是僅僅利用兩個觀測信號，求解源信號和混合矩陣。這是一個難度非常大的研究課題。它具體包括：

（1）混合矩陣的估計問題。

（2）得到混合矩陣的估計後，欠定方程組（2.77）的求解問題。

（3）多次波個數 N 估計問題，即方程（2.77）的定階問題。

　　顯然，要解決上述問題，不僅需要基本的獨立分量分析技術，還需要高階統計量以及數學理論方面的知識，並且，最令人沮喪的是，當今的獨立分量分析技術在對源信號個數多於觀測信號個數的問題上仍處於探索階段，對上述混合信號的分離遠沒有達到理想的效果。鑒於這種情況，本書在不失實際意義的情況下，對（2.77）式作了一定假設。

　　假設實際多次波和預測多次波之間不存在振幅尺度變化的不同和時間延遲的情況下，對於單道地震記錄，如果把多個多次波作為一個信號，實際地震信號和預測多次波可以通過以下幾式表示：

$$x_1 = P + \sum_{i=1}^{N} m_i \tag{2.79}$$

$$x_2 = \alpha \sum_{i=1}^{N} m_i \tag{2.80}$$

　　觀察以上兩式，這與傳統的對預測多次波的假設條件是一樣的。

2.2.4.3　ICA 假設條件的分析

　　在 §2.2.4.2 節中，人為地把多次波相減過程劃入獨立分量分析的模型中，實際上是不合理的。這其中還有許多問題需要考慮，因為獨立分量分析問題本身是需要一些假設前提的，因此多次波相減是否可以適用盲分離算法，還需要對 ICA 的假設條件進行分析。我們把它們歸納為如下幾點：

　　（1）獨立分量分析要求信號源中最多只能有一個信號為高斯分佈，地震數據中的一次波和多次波是否滿足這樣的條件？

　　（2）信號源之間相互獨立是獨立分量分析技術最基本的前提條件，地震數據中的一次波和多次波之間在統計上是否為獨立的關係？如果不是，應採取怎樣的措施和選用哪一種合理的獨立分量分析算法？

實際地震信號滿足以上兩個條件嗎？眾所周知，現代的地震勘探技術是利用地震勘探信號來間接獲取地下地層的信息。這些通過檢波器接收到的地震勘探信號實際上是爆炸源產生的衝擊波（子波）經過不同地層向上反射而形成的，是子波與地層反射系數相互褶積的結果。利用測井數據進行統計，可以得出，一次波反射系數是超高斯分佈的[78]，並且地震子波作為實際環境中的一種衝擊波，是非高斯分佈的。檢波器所接收到的地震信號是地層反射系數通過線性變換得到的，所以地震信號也是超高斯分佈的。它符合獨立分量分析模型的第二個前提條件。一次波與多次波都是子波信號經過不同線性變換褶積得到的，因此它們在統計上並不是嚴格獨立的關係，但從實際的地震勘探資料中可以知道，由於在一次波與多次波的干涉處，多次波是由淺層的全程或層間的多次波反射所形成的，波的傳播速度為淺層的速度，要比干涉處一次波的速度低，兩者在時差和頻率上是有差別的，對於這樣的源信號，基於非高斯極大準則的獨立分量分析算法是可以分離的。並且重要的一點是，許多學者都已指出[48]，在地震勘探等很多的實際應用中，源信號統計獨立的條件並不需要嚴格滿足就能得到好的結果。因此，將多次波自適應相減問題表示為一個利用兩個觀測信號恢復多個源信號的盲信號分離問題，在理論上是可行的。

2.2.4.4 多次波盲分離 ICA 算法設計

1. 多次波盲分離 ICA 算法原理

考慮§2.2.4.2 節所介紹的地震信號數學簡化模型，在不考慮實際多次波和預測多次波之間的振幅尺度變化的不同和時間延遲的情況下，壓制自由界面多次波傳統的基本原則是能量最小原則，即從實際地震記錄的地震數據中間去預測多次波後，應該使剩餘的波場能量最小，這樣的波場可以認為是有效波波場。

在這裡，設觀測信號為 X，由一次波 P 和多次波 M 組成，則有：

$$X = P + M \quad (2.81)$$

假設通過多次波預測技術得到的預測多次波為：

$$M_P = \alpha M \quad (2.82)$$

其中，α 為尺度系數。

為了消除地震信號 X 中的多次波，現有的方法一般是最小化如下的二階統計量函數：

$$E_S = \| X - \beta M_P \|_2 \quad (2.83)$$

式（2.83）對應的最小二乘解為：

$$\beta = \frac{M_P^T X}{M_P^T M_P} \quad (2.84)$$

理論上講，上述基於輸出信號（一次波）能量最小原則[77]的二階統計量技術在僅當一次波和多次波正交時，才能利用基於二階統計量的優化準則完全地消除多次波，即完全恢復一次波。但在一般情況下，實際地震數據中的一次波和多次波並不是正交的，這在實際地震資料處理中很難滿足，所以基於二階統計量能量函數的多次波自適應相減技術會導致估計得到的一次波中存在殘餘的多次波。為了克服基於二階統計量能量函數的多次波自適應相減技術存在的缺陷，我們提出利用基於高階統計量準則的獨立分量分析技術來解決多次波自適應相減問題，並將其命名為多次波盲分離。

根據概率論的中心極限定理，在一般情況下，獨立隨機變量的和趨於高斯分佈。換句話說，兩個獨立隨機變量和的分佈比原來隨機變量中的任何一個的分佈更接近高斯分佈。所以ICA 中分離矩陣的優化可以通過最大化分離信號的非高斯性來實現。信號非高斯性的一個定量的度量為峰度。ICA 通過最大化分離信號的峰度的平方或絕對值，來最大化分離信號的非高斯性，實現源信號的恢復。但考慮到峰值對信號中的大值太敏感，在對數據的實際操作中，採用如下的對數範數度量[79]：

$$V(y) = \frac{1}{n\ln n}\sum_{i=1}^{n}q_i\ln q_i \qquad (2.85)$$

其中，y 表示輸出信號，n 為信號的採樣長度，q_i 是對應信號 y 的振幅歸一化信號。它的具體形式如下：

$$q_i = \frac{ny_i^2}{\sum_{i=1}^{n}y_i^2} \qquad (2.86)$$

令輸出信號 $y = x_1 - \beta x_2$，定義基於信號非高斯最大化的能量函數：

$$E_h = V(x_1 - \beta x_2) \qquad (2.87)$$

根據 ICA 的性質，我們可以通過最大化式（2.87）來實現多次波的自適應相減。優化過程分為兩步：

（1）首先利用公式（2.84）求出一個系數 β，對預測的多次波進行一次因子校正。

（2）然後按公式（2.87）利用窮舉法進一步對系數 β 進行調節，即設定系數 β 的一個取值範圍，然後採用一定步長進行最大值搜索。

通過以上的分析可以知道，常規的基於輸出信號能量最小化準則的多次波自適應相減技術要求一次波和多次波正交，這在實際地震資料中很難滿足。（2.87）式利用最大化輸出信號的非高斯性準則，只要求地震信號在統計上是非高斯分佈的，一般實際地震數據都能滿足這一要求。需要指出的是，當一次波和多次波正交條件滿足時，公式（2.84）和公式（2.87）兩個能量函數給出相同的最優系數 β。

（2.87）式給出的基於輸出信號非高斯最大化的多次波自適

應相減算法雖然克服了基於二階能量函數的多次波自適應相減技術中要求信號正交的理論缺陷，但它仍然有要求預測多次波與實際多次波之間不存在振幅尺度變化的不同的缺點。下面我們把這一假設條件放寬，給出其一種新型的算法。

假設預測多次波和實際多次波之間存在振幅尺度變化的不同，但不存在時間延遲。任意次的多次波都可以通過波動方程單獨地預測出來[80]。對於單道地震記錄，其數學模型可以通過以下幾式表示：

$$x_1 = P + \sum_{i=1}^{N} m_i \quad (2.88)$$

$$x_2 = \alpha_1 m_1 \quad (2.89)$$

$$x_3 = \alpha_2 m_2 \quad (2.90)$$

$$\vdots$$

$$x_{N+1} = \alpha_N m_N \quad (2.91)$$

其中，x_1 表示地震記錄，即檢波器接收到的地震信號；P 表示有效波，即一次波；$m_i(i=1,2,\cdots,N)$ 表示實際多次波；$x_{i+1}(i=1,2,\cdots,N)$ 表示單獨預測出的第 $i+1$ 次自由界面多次波；a_i 是預測的多次波和各自對應的實際多次波之間振幅上的差別。將上述四式通過向量進行表示如下：

$$X = A \cdot S \quad (2.92)$$

其中 $X = [x_1, x_2, \cdots, x_{N+1}]^T$ 與 $S = [P, m_1, m_2, \cdots, m_N]^T$ 都是 $N+1$ 維信號向量，A 為混合矩陣，其表達式如下：

$$A = \begin{bmatrix} 1 & 1 & 1 & \cdots & 1 \\ 0 & a_1 & 0 & \cdots & 0 \\ 0 & 0 & a_2 & \cdots & 0 \\ \vdots & \vdots & \vdots & \ddots & \vdots \\ 0 & 0 & 0 & \cdots & a_N \end{bmatrix} \quad (2.93)$$

可見，(2.92) 式是一標準的獨立分量分析問題。根據前文分析的地震信號的性質，對於式中的混合信號 $X = [x_1, x_2, \cdots, x_{N+1}]^T$，採用下節算法的實現中所介紹的 ICA 技術中的固定點算法，很容易得到分離矩陣 W，從而實現對一次波與多次波的有效分離。但由於 ICA 固有的兩個不確定性問題，它不但使得分離出的有效波的幅值與實際有效波存在差異，而且計算機根本無法從分離出的信號中區分哪一個是有效波。因此，本書所涉及的 ICA 問題需要考慮這兩個不確定因素，具體解決方案將在§2.2.4.5 節中給出。

2. ICA 固定點算法

ICA 固定點算法[72][34]，又稱為快速 ICA 算法（FICA），是通過峭度或四階統計量的最大化得到分離矩陣 W 的學習過程，峭度定義為：

$$\mathrm{kurt}(y) = E\{y^4\} - 3(E\{y^2\})^2 \quad (2.94)$$

當隨機矢量為高斯分佈時，峭度為 0。超高斯分佈峭度為正，亞高斯分佈峭度為負，且非高斯性越強，峭度的絕對值越大。

根據式（2.94），FICA 的學習遞推公式為：

$$w(n) = E\{x(w(n-1)^T x)^3\} - 3w(n-1) \quad (2.95)$$

其中要求 $\|w\| = 1$。其具體實現步驟如下：

（1）初始化 $w(0)$，令其模為 1，置 $n = 1$。

（2）$w(n) = E\{x(w(n-1)^T x)^3\} - 3w(n-1)$，期望值可以由大量 x 向量的採樣點計算。

（3）用 $\|w(n)\|$ 除 $w(n)$。

（4）如果 $|w(n)^T w(n-1)|$ 不是足夠的接近 1，則令 $n = n+1$，返回（2），否則輸出向量 $w(n)$。

輸出向量 $w(k)$ 為混合矩陣 A 中的一列，$w(k)^T x(t)$ 為原始獨立信號中的一個。為了估計 N 個獨立成分，只需重複上面的步驟 N 次。當分離多個獨立分量時，為了防止多個分量收斂到同一個最值點，每次迭代結束後，需要將輸出去相關。當估計第 $p+1$ 個分量時，每次迭代要從 w_{p+1} 中減去 w_{p+1} 在 w_j 上的投影 $w_{p+1}w_j^T w_j$，然後歸一化 w_{p+1}，即：

$$w_{p+1} = w_{p+1} - \sum_{j=1}^{p} w_{p+1} C w_j^T w_j \qquad (2.96)$$

$$w_{p+1} = \frac{w_{p+1}}{\sqrt{w_{p+1} C w_j^T w_j}} \qquad (2.97)$$

3. 負熵為目標函數的 FICA 算法

採用負熵為目標函數時[34]，

$$\Delta w_k \propto \frac{\partial J(y_k)}{\partial u_k} = \gamma E[Zf(w_k^T Z)] \qquad (2.98)$$

式中，$\gamma = E[F(y_i)] - E[F(v)]$，$v$ 是 $N(0,1)$，$f(\cdot)$ 是 $F(\cdot)$ 的導數。F，f，f' 可查表 2.6。

進入穩態時，$\Delta w_i = 0$，由此得固定點迭代的兩步算式[99]：

$$\begin{cases} w_k(n+1) = E\{Zf[w_k^T(n)Z]\} \\ w_k(n+1) \leftarrow \dfrac{w_k(n+1)}{\|w_k(n+1)\|_2} \end{cases} \qquad (2.99)$$

由於第二步的歸一運算，所以第一步中的 γ 可以取消。

表 2.6 $F(\cdot)$，$f(\cdot)$ 與 $f'(\cdot)$

$F(y)$	$f(y)$	$f'(y)$
$\dfrac{1}{a}\log(\cosh ay)$	$\tanh ay$	$a[1 - \tanh^2(ay)]$
$-e^{-\frac{y^2}{2}}$	$ye^{-\frac{y^2}{2}}$	$(1-y^2)e^{-\frac{y^2}{2}}$
y^4	y^3	$3y^2$

但是實踐證明式（2.99）所示的迭代算法收斂性不好。為了改進收斂性能，改用牛頓迭代算法[100]，為此將式（2.99）中第一步迭代式等效地表示成：

$$G(w_k) \stackrel{def}{=} E[Zf(u_k^T Z)] + \beta w_k = 0 \qquad (2.100)$$

為了求解式（2.100）的根 w_i，採用牛頓迭代法，有：

$$w_k(n+1) = w_k(n) - \frac{G[w_k(n)]}{G'[w_k(n)]} \qquad (2.101)$$

其中：

$$G'[w_k(n)] = \frac{\partial G}{\partial w_k} = E\{ZZ^T f'(w_k^T Z)\} + \beta \qquad (2.102)$$

因此：

$$w_k(n+1) = u_k(n) - \frac{E\{Zf[w_k^T(n)Z]\} + \beta w_k(n)}{E\{ZZ^T f'[w_k^T(n)Z]\} + \beta} \qquad (2.103)$$

由於 Z 是白化數據，所以有近似關係：

$$E\{ZZ^T f'(w_k^T Z)\} \approx E[ZZ^T] E[f'(w_k^T Z)]$$
$$= E[f'(w_{kt}^T Z)] \quad (ZZ^T = I) \qquad (2.104)$$

因此，式（2.103）的迭代算式可以簡化成：

$$w_k(n+1) = w_k(n) - \frac{E\{Zf[w_k^T(n)Z]\} + \beta w_k(n)}{E\{f[w_k^T(n)Z]\} + \beta} \qquad (2.105)$$

如果將式（2.105）等號兩邊同時乘以 $E\{f[w_i^T(k)Z]\} + \beta$，經簡化後就得到如下固定點算法：

$$\begin{cases} w_k(n+1) = E\{Zf[w_k^T(n)Z]\} - E\{f'[w_k^T(n)Z]\} w_k(n) \\ w_k(n+1) \leftarrow \dfrac{w_k(n+1)}{\|w_k(n+1)\|_2} \end{cases}$$

$$(2.106)$$

綜上所述，採用負熵為目標函數的 ICA 固定點算法的步驟可以總結如下：

（1）將 X 去均值，然後加以白化得 Z。

（2）任意選擇 w_k 的初值 $w_k(0)$，要求 $\|w_k(0)\|_2 = 1$。

（3）令 $u_k(n+1) = E\{Zf[w_k^T(n)Z]\} - E\{f'[w_k^T(n)Z]\}w_k(n)$ 進行迭代。

（4）歸一化：

$$w_k(n+1) \leftarrow \frac{w_k(n+1)}{\|w_k(n+1)\|_2}$$

（5）如果未收斂，回到步驟（3）。

同理，為了估計 N 個獨立成分，只需重複上面的步驟 N 次。當分離多個獨立分量時，為了防止多個分量收斂到同一個最值點，每次迭代結束後，需要將輸出去相關，方法同式（2.96）和式（2.97）一樣。

採用基於負熵為目標函數的 ICA 固定點算法具有以下優點：

（1）負熵作為高斯行度量的效果優於累積量，因此採用負熵的 ICA 比採用四階累積量的 ICA 應用更廣。

（2）由於採用牛頓法，收斂較有保證，故可以證明它具有四階（至少有三階）的收斂速度[99][43]。

（3）迭代過程中需要引入調節步長等人為設置的參數，因而更簡單方便。

2.2.4.5 ICA 固有不確定性問題的解決

在 §2.2.4.4 節中提到 ICA 問題的兩個固有不確定問題[81][82][83][84]，即分離信號的幅值和次序不確定性，這兩個不確定因素是獨立分量分析的固有問題，在多次波盲分離 ICA 算法設計中是否涉及這兩個因素，以及如果涉及，又應如何根據實際情況對其加以解決，是本節分析的重點問題。

分離信號幅值與次序的不確定因素是獨立分量分析技術的本質問題。在沒有獲得更多先驗知識的前提下，這兩個不確定問題是存在的，並且是不可能解決的。但如果我們對信號源的特性有一定的瞭解，或知道混合矩陣有某些固有的結構，這兩個不確定問題是可以解決的。仔細觀察（2.101）式中混合矩陣 A，可以發現其具有一些特殊的性質：

（1）混合矩陣 A 中的第一行元素全為 1，即 $a_{1i} = 1(i = 1, 2, \cdots, N + 1)$。

（2）混合矩陣 A 中的第一列元素，除 a_{11} 全為 0，即 $a_{j1} = 0(j = 1, 2, \cdots, N + 1)$。

（3）混合矩陣 A 中的第一個元素 a_{11} 的余子矩陣 A_{11} 為對角矩陣。其中：

$$A_{11} = \begin{bmatrix} a_1 & 0 & \cdots & 0 \\ 0 & a_2 & \cdots & 0 \\ \vdots & \vdots & \vdots & \vdots \\ 0 & 0 & \cdots & a_N \end{bmatrix}$$

假設利用獨立分量分析算法我們得到一個分離矩陣 W，它能實現對混合信號 x 的有效分離。

$$Y = WX = WAS \tag{2.107}$$

結合混合矩陣 A 的這三個特殊性質，對上式進行展開，得：

$$y = \begin{pmatrix} w_{11} & w_{12} & \cdots & w_{1, N+1} \\ w_{21} & w_{22} & \cdots & w_{2, N+1} \\ \vdots & \vdots & \ddots & \vdots \\ w_{N+1, 1} & w_{N+1, 2} & \cdots & w_{N+1, N+1} \end{pmatrix} \begin{pmatrix} 1 & 1 & 1 & \cdots & 1 \\ 0 & a_1 & 0 & \cdots & 0 \\ 0 & 0 & a_2 & \cdots & 0 \\ \vdots & \vdots & \vdots & \ddots & \vdots \\ 0 & 0 & 0 & 0 & a_N \end{pmatrix} \begin{pmatrix} p \\ m_1 \\ \vdots \\ m_N \end{pmatrix}$$

$$= \begin{pmatrix} w_{11} & w_{12} & \cdots & w_{1, N+1} \\ w_{21} & w_{22} & \cdots & w_{2, N+1} \\ \vdots & \vdots & \ddots & \vdots \\ w_{N+1, 1} & w_{N+1, 2} & \cdots & w_{N+1, N+1} \end{pmatrix} \begin{pmatrix} p + \sum_{i=1}^{N} m_i \\ a_1 m_1 \\ \vdots \\ a_N m_N \end{pmatrix}$$

$$= \begin{pmatrix} w_{11}p + w_{11}\sum_{i=1}^{N} m_i + w_{12}a_1m_1 + \cdots + w_{1N+1}a_Nm_N \\ w_{21}p + w_{21}\sum_{i=1}^{N} m_i + w_{22}a_1m_1 + \cdots + w_{2N+1}a_Nm_N \\ \vdots \\ w_{N+11}p + w_{N+11}\sum_{i=1}^{N} m_i + w_{N+12}a_1m_1 + \cdots + w_{N+1N+1}a_Nm_N \end{pmatrix} \quad (2.108)$$

從（2.108）式可以看出，有效波在各輸出分量中的系數分別為 w_{11}，w_{21}，$\cdots$，w_{N1}。我們知道，分離矩陣 W 如果能實現對獨立分離的有效分離，那麼輸出信號 $Y = (y_1, y_2, \cdots, y_{N+1})^T$ 中有且只能有一個分量 y_i 為有效波 P 的估計，其他的分量中不會含有有效波 P 的任何信息。因此，分離矩陣 W 所具備的必要條件是第一列中應只有一個非 0 元素 w_{i1}，這個 w_{i1} 正好對應於分離信號向量 $Y = WAS$ 中的第 i 個分離信號 y_i。從式（2.108）中我們可以看出，y_i 即是有效波 P 的估計，並且滿足 $y_i = w_{i1}P$。

針對 ICA 中的振幅和次序這兩個不確定性問題，我們利用混合矩陣 A 的一些先驗知識，採用以下兩個步驟獲取有效波 P：

（1）找出分離矩陣 W 第一列中絕對值最大的元素 w_{i1}，確定 i 值。

（2）找出 y 中第 i 個分離信號 y_i，並用其除以 w_{i1}，即獲得有效波 P 的估計 $\hat{P} = y_i/w_{i1}$。

2.2.4.6 多次波盲分離實現步驟

根據上文所述的快速 ICA 算法，結合本書算法中不確定性問題的解決辦法，下面給出本書算法的實現步驟：

（1）基於波動方程理論預測出自由界面多次波，將其設為 x_2，x_3，$\cdots$，x_N；令 $k = 0$。

（2）設 $n = 0$，$k = k + 1$，隨機地初始化權向量 w_k。

（3）$n = n + 1$。

（4）迭代運算，調整 w_k：
$$w_k(n) = E\{x(w_k(n-1)^T x)^3\} - 3w_k(n-1) \text{（峰度）}$$
$$w_k(n) = E\{Zf[w_k^T(n-1)Z]\} - E\{f'[w_k^T(n-1)Z]\}w_k(n-1)$$
（負熵）

（5）正交歸一化處理：
$$w_k(n) = w_k(n) - \sum_{i=1}^{P-1} w_k^T(n) w_j w_j$$
$$w_k(n) = \frac{w_k(n)}{\| w_k(n) \|}$$

（6）如果算法還沒有收斂，則轉到第（3）步；否則，執行下一步。

（7）如果 k 小於 $N + 1$，則轉到第（2）步；否則，執行下一步。

（8）求出獨立分量：
$$Y = WX$$

（9）找出分離矩陣 W 第一列中絕對值最大的元素 w_{i1}，確定 i 值。

（10）根據 i 找出 y 中第 i 個分離信號 y_i，並用其除以 w_{i1}，從而獲得有效波 P 的估計 $\hat{P} = y_i / w_{i1}$。

多次波盲分離的 ICA 分析的流程圖如圖 2.20 所示。

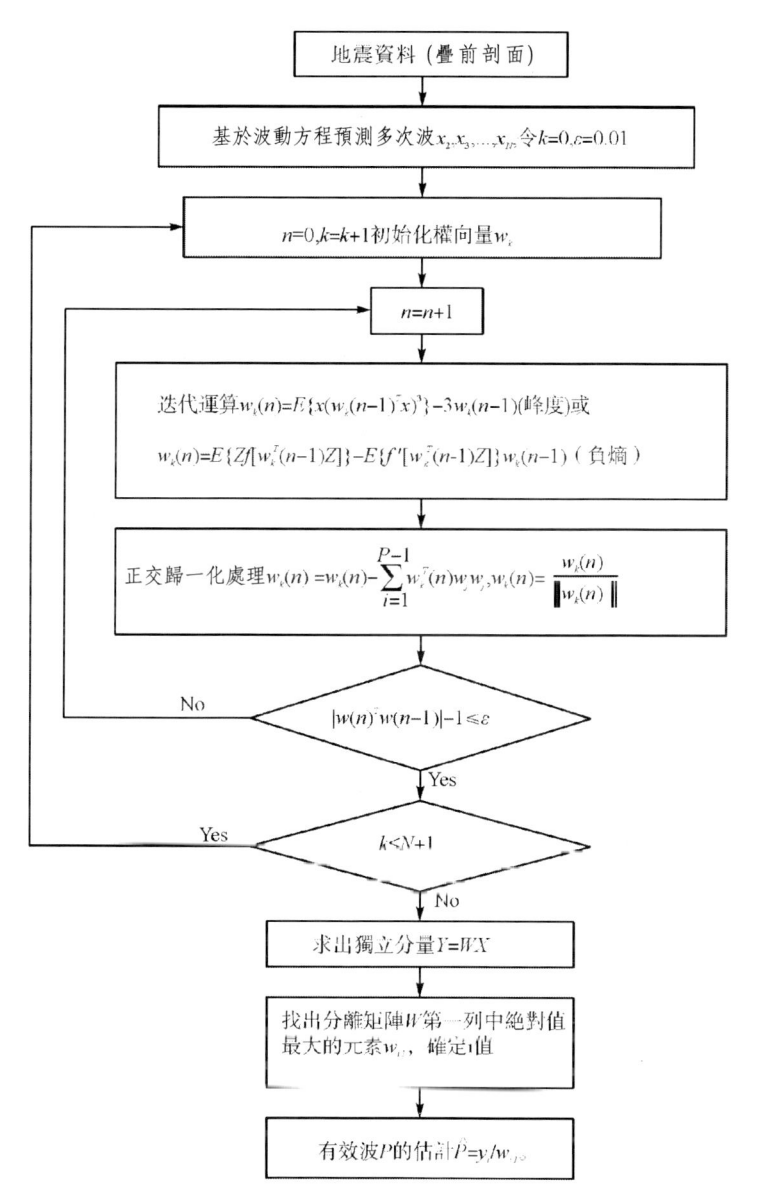

```
                    ┌─────────────────────┐
                    │   地震資料（疊前剖面）    │
                    └──────────┬──────────┘
                               ↓
          ┌────────────────────────────────────────┐
          │ 基於波動方程預測多次波 $x_2,x_3,\ldots,x_D$ 令 $k=0,\varepsilon=0.01$ │
          └────────────────────┬───────────────────┘
                               ↓
     ┌──→ ┌────────────────────────────────────────┐
     │    │ $n=0,k=k+1$ 初始化權向量 $w_k$             │
     │    └────────────────────┬───────────────────┘
     │                         ↓
     │  ┌──→ ┌─────────────┐
     │  │    │   $n=n+1$    │
     │  │    └──────┬──────┘
     │  │           ↓
     │  │  ┌────────────────────────────────────────────────────────┐
     │  │  │ 迭代運算 $w_k(n)=E\{x(w_k(n-1)^Tx)^3\}-3w_k(n-1)$（峰度）或 │
     │  │  │ $w_k(n)=E\{Zf[w_k^T(n-1)Z]\}-E\{f'[w_k^T(n-1)Z]\}w_k(n-1)$（負熵）│
     │  │  └────────────────────────┬───────────────────────────────┘
     │  │                           ↓
     │  │  ┌────────────────────────────────────────────────────────┐
     │  │  │ 正交歸一化處理 $w_k(n)=w_k(n)-\sum_{i=1}^{P-1}w_i^T(n)w_kw_i$, $w_k(n)=\dfrac{w_k(n)}{\|w_k(n)\|}$ │
     │  │  └────────────────────────┬───────────────────────────────┘
     │  │                           ↓
     │  │  No        ╱╲
     │  └──────────╱    ╲ $|w(n)^Tw(n-1)|-1\leq\varepsilon$
     │            ╲    ╱
     │             ╲╱
     │              │ Yes
     │              ↓
     │    Yes    ╱╲
     └─────────╱    ╲ $k<N+1$
              ╲    ╱
               ╲╱
                │ No
                ↓
       ┌────────────────────┐
       │  求出獨立分量 $Y=WX$   │
       └──────────┬─────────┘
                  ↓
       ┌──────────────────────────┐
       │ 找出分離矩陣 $W$ 第一列中絕對值  │
       │ 最大的元素 $w_{1i}$，確定 $i$ 值 │
       └──────────┬───────────────┘
                  ↓
       ┌──────────────────────────┐
       │ 有效波 $P$ 的估計 $P=y_i/w_{1i}$ │
       └──────────────────────────┘
```

圖 2.20　多次波盲分離 ICA 處理流程圖

2.2.5 多次波盲分離仿真試驗

2.2.5.1 人工合成地震記錄

本節根據地震波傳播的幾何學特徵，推導出四種地震波傳播的時距方程，然後利用由這些方程求解出的數據，製作人工合成的理論地震記錄，以此作為檢驗本書所提出的算法的依據。其中，假設地層是水平的，且由均勻介質構成；取雷克子波為地震子波。

人工合成理論地震記錄的具體過程如下：
（1）說明本節所處理的地學對象，如圖 2.21 所示。

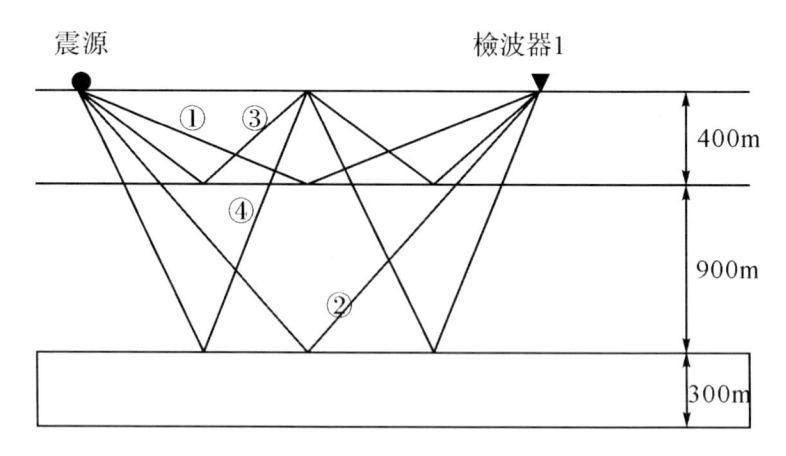

圖 2.21 震波在地層中傳播的集合途徑

在圖 2.21 中，①為檢波器 1 接收到的第一層的一次波；②為檢波器 1 接收到的第二層的一次波；③為檢波器 1 接收到的第一層的一次自由界面多次波；④為檢波器 1 接收到的第二層的一次自由界面多次波。偏移距（震源到第一個檢波器的距離）取為 100 米，檢波器之間的距離取為 50 米。在本節中僅取這四個波為例，來說明處理多次波的過程，其他檢波器的接收記錄與第一個檢波器同原理，在這裡就不再一一贅述。

(2) 時距方程。

時距方程是用來表徵地震波傳播的時間與距離的關係（$t-x$）的等式。根據波的傳播途徑的不同，其時距方程也有不同的形式，但它們的本質都是用來表示地震波傳播的幾何性質。在文中，設道間距（檢波器之間的距離）為 x，每一地層的厚度設為 h_k（$k = 1, 2, 3, \cdots$），單位均為米；在第 k 層中，地震波的傳播速度為 v_k；共有 m 個（在實際勘探工程中，根據勘探要求，一般取 $m = 12, 24, 60, \cdots$）檢波器。

地震波①傳播路徑的幾何近似圖形如圖 2.22 所示，推導各個檢波器接收到的第一層的一次波的時距方程。

根據波的入射和折射定律，我們忽略折射波，近似認為入射能量全部被反射回地面，而沒有透射到第二層，則第一層的一次波的時距方程為：

$$t_{n+1} = 2\frac{\left[\left(\frac{100+nx}{2}\right)^2 + h_1^2\right]^{\frac{1}{2}}}{v_1}, \quad n = 0,1,2,\cdots \quad (2.109)$$

當 $n = 0$ 時，就可得到圖 2.22 中第一個檢波器接收到的第一層的一次波的時間。

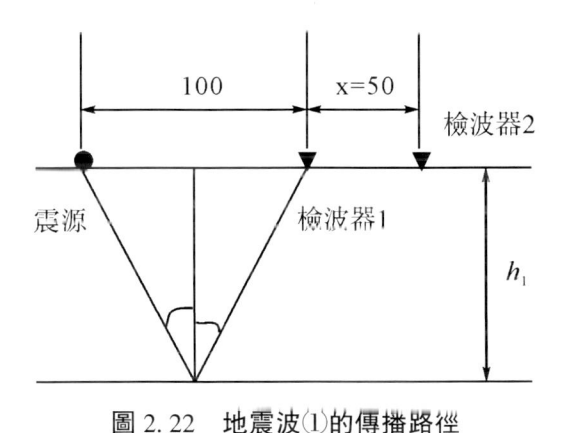

圖 2.22　地震波①的傳播路徑

地震波②傳播路徑的幾何近似圖形如圖 2.23 所示，同理，檢波器接收到的第二層的一次波的時距方程的表達式如下：

$$\begin{cases} a+b = \dfrac{100+nx}{2} \\ \dfrac{v_1}{v_2} = \dfrac{\sin i}{\sin j} = \dfrac{\dfrac{a}{(a^2+h_1^2)^{\frac{1}{2}}}}{\dfrac{b}{(b^2+h_2^2)^{\frac{1}{2}}}} \qquad n=0,1,2,\cdots \\ t_{n+1} = 2\left[\dfrac{(a^2+h_1^2)^{\frac{1}{2}}}{v_1} + \dfrac{(b^2+h_2^2)^{\frac{1}{2}}}{v_2} \right] \end{cases}$$

(2.110)

當 $n=0$ 時，就可得到圖 2.23 中第一個檢波器接收到的第二層的一次波的時間。

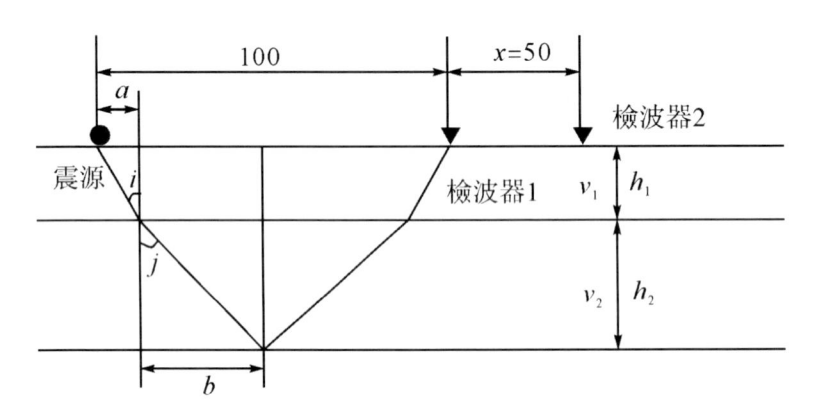

圖 2.23 地震波②的傳播路徑

地震波③傳播路徑的幾何近似圖形如圖 2.24 所示，同理，檢波器接收到的第一層的一次自由界面多次波的時距方程的表達式如下：

$$t_{n+1} = 4\dfrac{\left[\left(\dfrac{100+nx}{4}\right)^2 + h_1^2\right]^{\frac{1}{2}}}{v_1}, \quad n=0,1,2,\cdots \qquad (2.111)$$

當 $n=0$ 時，就可以得到圖 2.24 中第一個檢波器接收到的第一層一次自由界面多次波的時間。

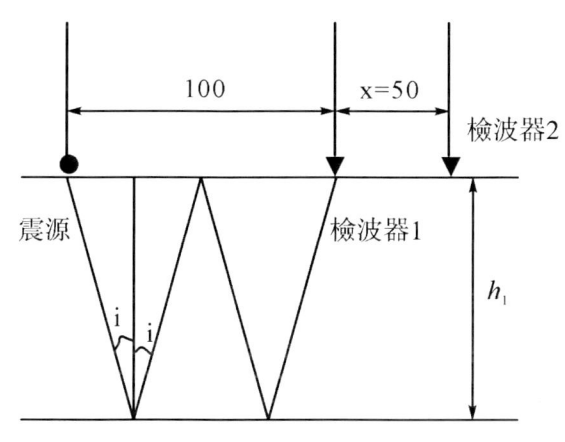

圖 2.24　地震波③的傳播路徑

地震波④傳播路徑的幾何近似圖形如圖 2.25 所示，同理，檢波器接收到的第二層的一次自由界面多次波的時距方程的表達式如下：

$$\begin{cases} a+b = \dfrac{100+nx}{4} \\ \dfrac{v_1}{v_2} = \dfrac{\sin i}{\sin j} = \dfrac{\dfrac{a}{(a^2+h_1^2)^{\frac{1}{2}}}}{\dfrac{b}{(b^2+h_2^2)^{\frac{1}{2}}}} \\ t_{n+1} = 4\left[\dfrac{(a^2+h_1^2)^{\frac{1}{2}}}{v_1} + \dfrac{(b^2+h_2^2)^{\frac{1}{2}}}{v_2}\right] \end{cases}, n=0,1,2,\cdots$$

(2.112)

當 $n=0$ 時，就可以得到圖 2.25 中第一個檢波器接收到的第二層一次自由界面多次波的時間。

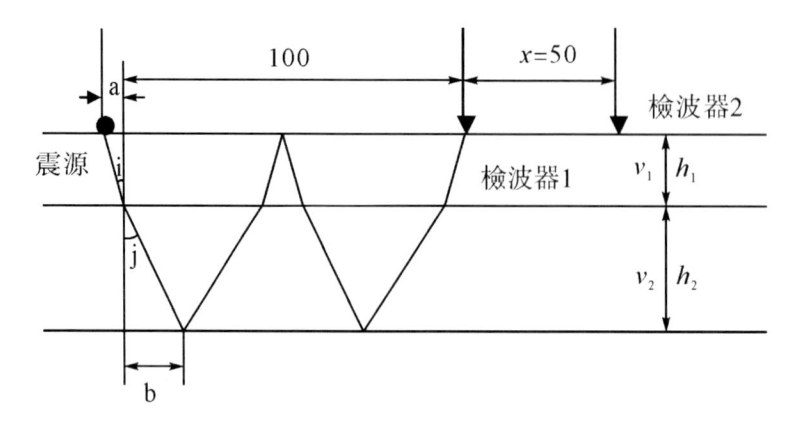

圖 2.25　地震波④的傳播路徑

（3）實驗中所採用的模型參數如表 2.7 所示。

表 2.7　　　　　合成地震記錄的模型參數

地層名	層速度 m/s	層厚度 m
第一層	1,500	500
第二層	2,400	1,200
下伏層	2,700	300

（4）根據前面的分析，做出地震波①②③④的時距曲線如圖 2.26 所示。

（5）雷克子波的表達式如下：

$$f(t) = (1 - 2\pi\omega^2 t^2) \exp(-\pi^2\omega^2 t^2) \qquad (2.113)$$

其中，$f(t)$ 表示雷克子波的振幅；ω 表示角速度，單位是弧度；t 表示時間，單位是秒；其波形示意圖如圖 2.27。

在本節中，我們僅以第一個檢波器的接收信號（即地震勘探信號的單道記錄）和一次自由界面多次波為例來說明地震波傳播的原理，其他情況同理可得。

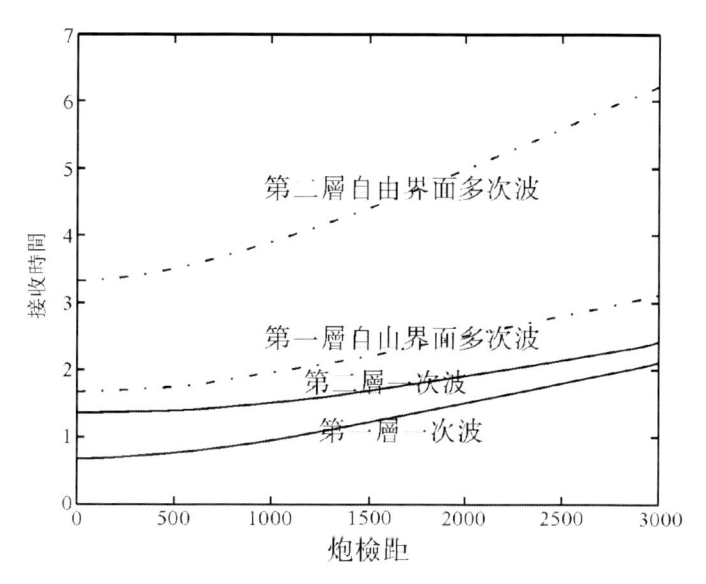

图 2.26 地震波①②③④的時距曲線示意圖

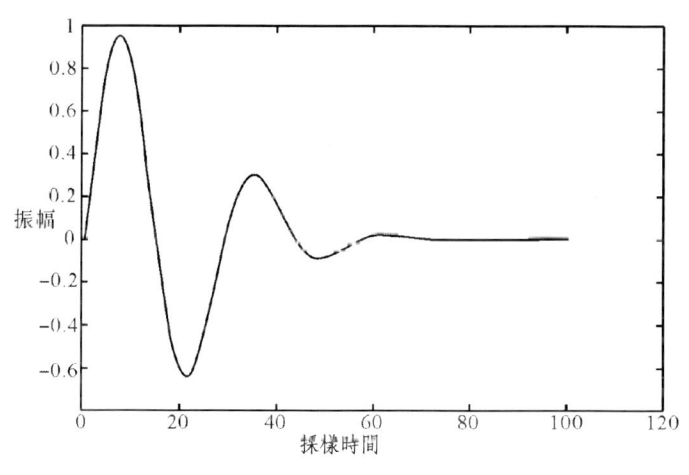

圖 2.27 雷克子波波形示意圖

2.2.5.2 仿真實驗

為驗證文中算法所用目標函數的有效性，首先我們在 [0.6, 1.2] 範圍內，以 0.006 的步長逐點計算不同 β 對公式（2.75）和公式（2.79）所表示的能量函數的數值。實驗中選用由一個一次波和一個多次波合成的單道地震信號，β 的最優值為 0.92。圖 2.28 表示的是公式（2.75）對應的能量函數隨系數 β 的變化曲線，其最小值對應的系數為 $\beta = 0.936$。而圖 2.29 顯示的是公式（2.79）所對應的能量函數隨系數 β 的變化曲線，其最大值對應的系數為 $\beta = 0.924$。

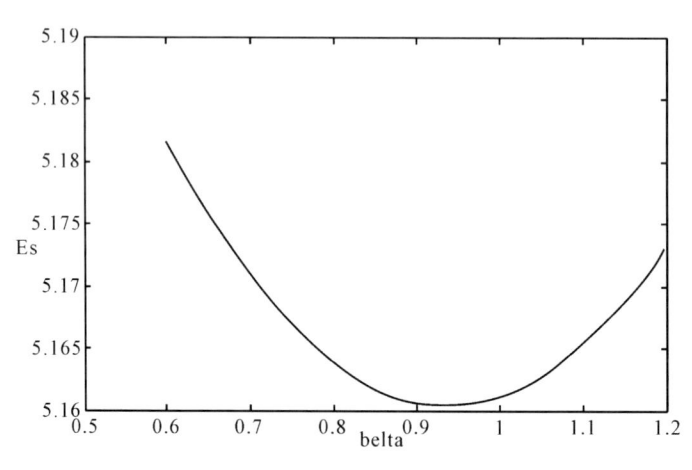

圖 2.28　能量函數 Es 隨 β 的變化曲線

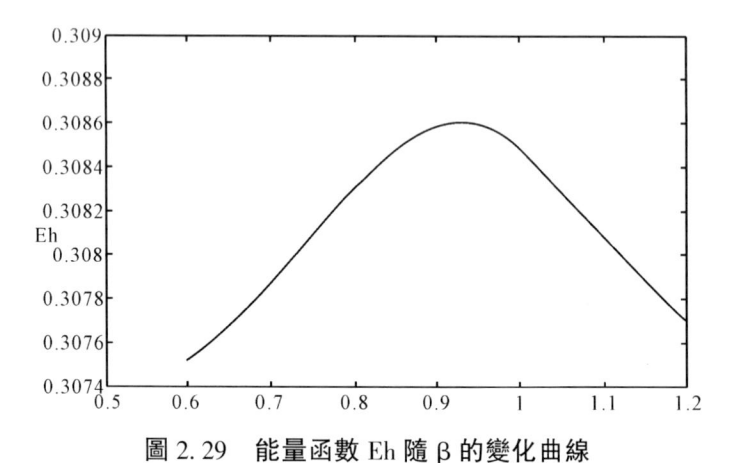

圖 2.29　能量函數 Eh 隨 β 的變化曲線

從圖2.28和圖2.29中，我們可以看到運用基於二階統計量的能量函數最小化所得到的β與實際值之間的差距明顯大於採用基於非高斯最大化的能量函數所得到的β與實際值的差距。因此，採用基於非高斯最大化的能量函數更加合理、有效。

　　在本節多次波壓制效果的實驗中，運用 Matlab 處理了一個人工合成的地震信號模型數據。選用兩個一次波和兩個多次波，預測多次波和實際多次波的差別分別為兩個不同的尺度系數 a_1，a_2；偏移距為 100 米，道間距為 50 米，共取 100 道為地震記錄；層間距與地震信號在各地層間的傳播速度如 §2.2.5.1 節表2.30 所示；地震子波選用式（2.113）生成的雷克子波。圖2.30 是用上一節中的時距方程製作的含有第一層的一次波、第二層的一次波和第一層一次自由界面多次波、第二層的一次自由界面多次波的地震原始記錄，其縱軸的時間單位為毫秒。圖2.31 是直接將預測多次波從原始地震記錄中減去的計算結果。圖2.32 為運用本書 ICA 盲分離算法從原始數據中將預測多次波分離後所得到的有效波（一次波）。圖2.33 是在圖2.30 的基礎上加入高斯白噪聲（輸入信噪比為 10dB）的地震原始記錄。圖2.34 為直接將預測多次波從原始地震記錄中減去的計算結果（帶背景噪聲）。圖2.35 為運用 ICA 盲分離算法從原始數據中將預測多次波分離後所得到的有效波（帶背景噪聲）。

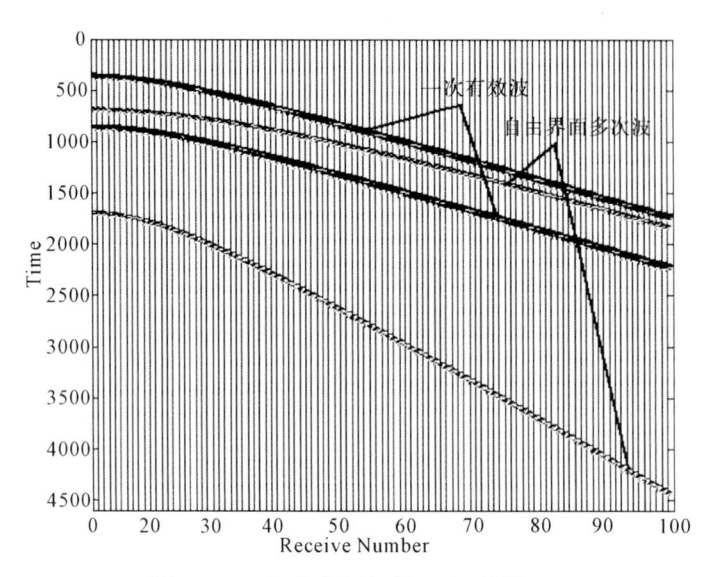

圖 2.30　合成地震記錄（無噪情況）

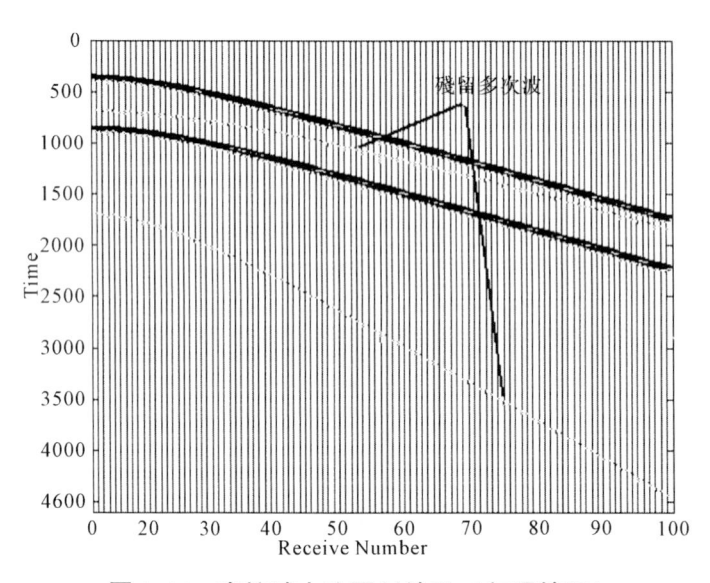

圖 2.31　直接減去法壓制結果（無噪情況）

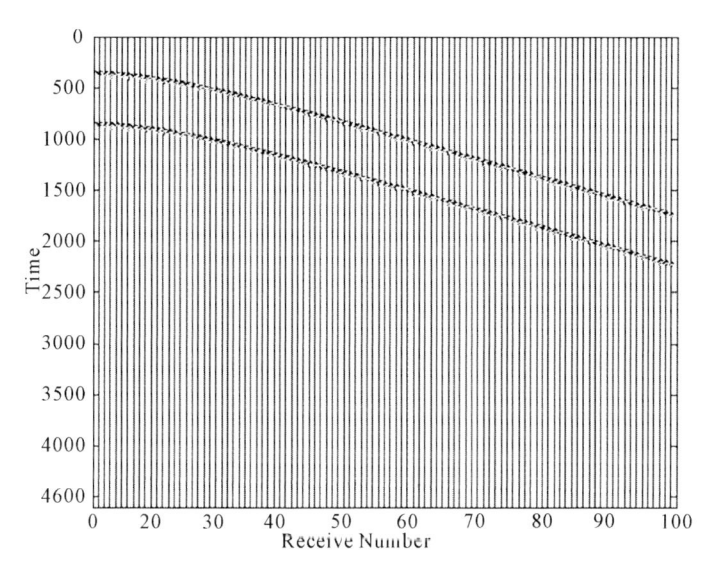

图 2.32 利用 ICA 盲分离结果（无噪情况）

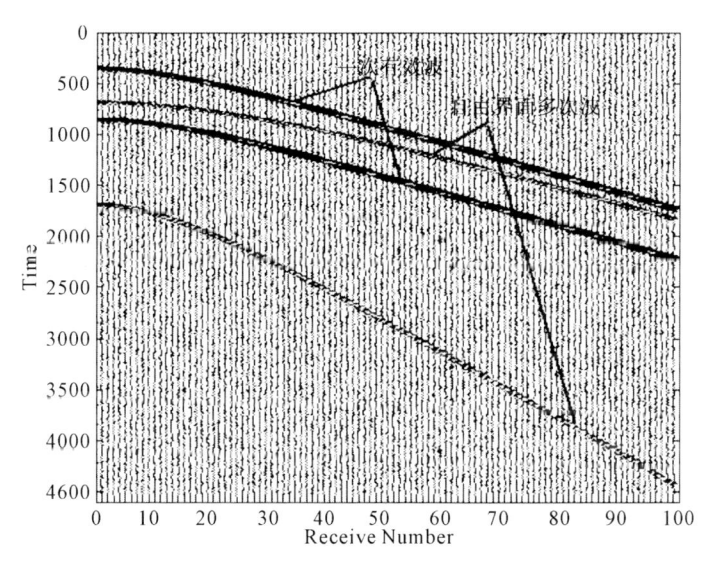

图 2.33 合成地震记录（含噪情况）

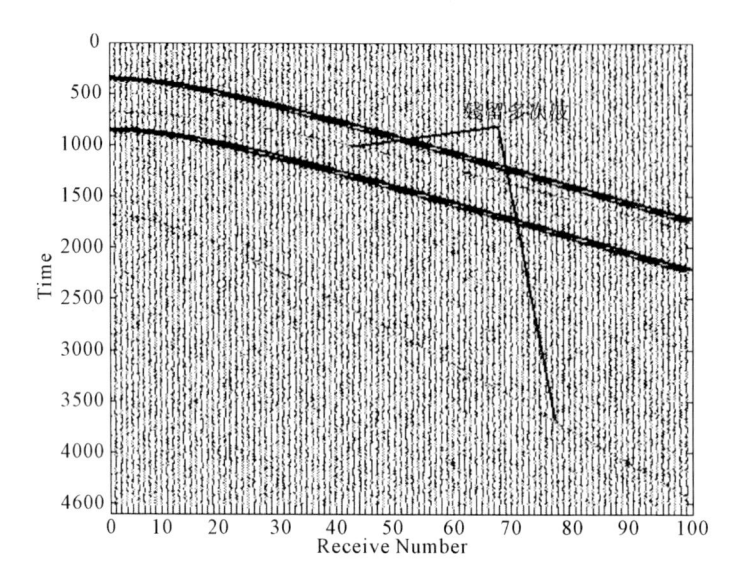

圖 2.34　直接減去法壓制結果（含噪情況）

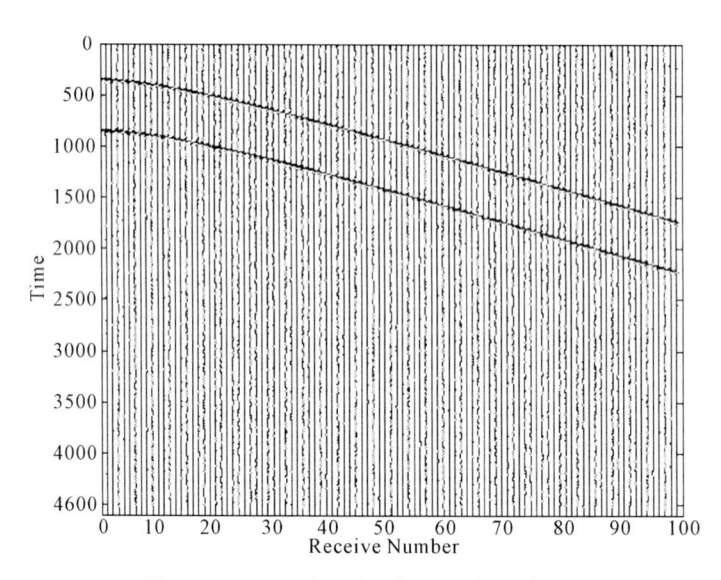

圖 2.35　ICA 盲分離結果（含噪情況）

2.2.5.3 試驗結果分析與說明

通過 2.2.5.2 節的仿真，可以發現，通過傳統的直接減去法最終結果尚有殘留的多次波信息，而利用 ICA 技術一次波幾乎均被無損傷地保留下來，從而說明了本書所提出的算法的合理性和有效性，具體情況歸納為以下幾點：

（1）本書中算法無需一次波與多次波的先驗假設，從而避免了傳統的基於最小能量函數的多次波減去法中不符合實際的假設限制。

（2）對預測多次波的假設條件進行了放寬。儘管本書提出的算法也假設預測的多次波和實際多次波無時差區別，但是卻考慮了兩者在振幅上的差別。每個預測多次波與其相對應的每個實際多次波在振幅上相差的比例系數都不同，這種考慮更接近實際的預測過程，所以使得算法更能廣泛地應用於實際勘探領域的數據處理過程。

（3）本書中算法結合了獨立分量分析技術中的 ICA 固定點算法，從而大大提高了算法的運算速度，節省了計算時間；算法具有一定的抗干擾能力，從而更利於實際環境中的實現。

（4）在多次波建模過程中，多次波預測的準確性不會對最後的分離效果產生影響。

2.2.6 結論與討論

本節系統地研究了獨立分量分析理論，初步論證了其在地學多次波壓制技術中的應用前景。我們通過分析實際地震信號的統計特性，將其成功地納入獨立分量分析的模型中，並通過仿真實驗驗證了獨立分量分析方法在多次波壓制中的應用價值。現對主要工作總結如下：

我們首先對獨立分量分析技術的整個理論做了詳細闡述，且承前啟後，討論了獨立分量分析技術的數據的預處理理論和兩個不確定性問題。在介紹獨立分量分析理論時，文章主要以線性獨立分量分析為主，介紹了一些常用的獨立性判據（目標函數）以及目前比較常用的批處理算法和自適應算法，並引出了當前較為流行的獨立分量逐次提取算法，從而為其在地學多次波方面的應用打下了良好的基礎。

我們詳細討論和總結了當今多次波壓制技術中的各種方法，按照壓制原理，對它們進行了系統的分類，並對各類算法的優缺點及實用環境進行了詳細的論述。最後，我們針對傳統的基於二階統計量—能量最小準則的多次波相減技術的理論缺陷，引出了本書擬採用的技術方案。

在建立多次波盲分離模型時，討論了本書算法所適用的地學環境，並由實際地震信號的統計特性，提出了新的數學模型。這種模型不但滿足地震資料記錄中信號的合理構成，還適用於獨立分量分析方法的處理要求。然後，我們根據這個新提出的模型進行獨立分量分析的算法設計，並利用混合矩陣的某些性質，巧妙地解決了這個新模型的獨立分量分析算法中兩個不確定性問題，成功完成了一次波和預測多次波的分離。接著，我們結合 ICA 固定點算法，給出了本書算法的實現步驟。最後，我們通過人工合成的地震記錄，進行仿真實驗，並與常規的基於二階統計量的壓制方法進行比較，得到了滿意的分離結果，較好地恢復了一次波的有效信息。

本書在前人研究成果的基礎上，完成了對獨立分量分析技術在理論上的系統分析和研究，並將其應用到地學的多次波壓制中，得到了若干有益的研究結論，取得了初步的研究成果。同時，也因個人能力和時間所限，研究工作中仍存在多處尚需繼續完善和探索之處：

（1）本書只研究了基於波動方程的多次波壓制技術的第二步—多次波減去過程，但是第二步是基於第一步—多次波建模

（預測）的結果，即預測的多次波進行分離的，因此，有必要對第一步的多次波建模也進行深入研究，最終與第二步的分離過程結合，形成一套完整的基於 ICA 的多次波壓制技術。

（2）本書只研究了獨立分量分析技術中的瞬時混合模型在多次波壓制中的應用，而地面檢波器所接收到的在地層中傳播的地震波的表達式應更接近於獨立分量分析技術中的卷積模型。所以模型有待於改進，而這種改進則需要對獨立分量分析技術和地震勘探學的繼續深入學習和研究。

（3）目前，僅利用人工合成的地震勘探數據驗證了本書提出算法的有效性，算法的實際應用價值還有待於利用實際勘探數據來檢驗。

3 現代數學方法在生物序列數據處理中的應用

3.1 相空間重構和支持向量機在小麥條銹病預測中的應用

3.1.1 研究背景

小麥條銹病是世界各小麥主產國最主要的病害之一，也是長期影響中國小麥安全生產的嚴重生物災害之一。近年來成都平原的氣候不斷變暖，秋季多雨，冬季多霧、露等都為小麥條銹病的發生和流行提供了條件，使得成都市的小麥條銹病多次發生，且危害嚴重，在流行年份導致成都市小麥減產 10%~20%，特大流行年份減產高達 60%，最嚴重的甚至可以導致小麥絕收。正是由於小麥條銹病對糧食安全和糧食品質造成了巨大的危害，因此預測小麥條銹病的發病率具有重要意義。它不僅可以有效預防和控製小麥條銹病的發生，還可以提高農業生產中的管理水平，促進精準農業發展，減少病害損失，提高農業的產量和農產品的品質。

本節基於小麥條銹病的發生與流行所表現的高度非線性和

多時間尺度的特性，建立一種相空間重構和最小二乘支持向量機結合的非線性時間序列預測模型，並進行實證分析。

3.1.2　LSSVM 模型預測小麥條銹病發病率

3.1.2.1　LSSVM 算法原理

LSSVM 基本原理如下：

設訓練樣本集為 $\{x_i, y_i\}$，$i = 1, 2, \cdots, N$，$x_i \in R^n$ 為輸入變量的值，$y_i \in R$ 為對應的輸出變量，對應的線性迴歸函數可以定義為：

$$f(x) = w\varphi(x) + b \tag{3.1}$$

其中，w 為權向量，b 為偏置。根據統計學理論，函數擬合問題可描述為以下的最優化問題：

$$\min_{w,b,e}(w, e) = \frac{1}{2}\|w\|^2 + \frac{1}{2}\gamma \sum_{i=1}^{N} e_i^2 \tag{3.2}$$

$$s.t. \quad y_i = w^T\varphi(x_i) + b + e_i, \quad i = 1, 2, \cdots, N$$

其中，權向量 $w \in R^n$；誤差變量 $e_i \in R$；偏置值 $b \in R$；$\gamma > 0$ 為懲罰系數常數。

將上式模型變換到對偶空間加以解決，引入 Lagrange 乘子 a_i，得到如下 Lagrange 函數：

$$L(w, b, e, a) = \frac{1}{2}\|w\|^2 + \frac{1}{2}\gamma \sum_{i=1}^{N} e_i^2$$
$$- \sum_{i=1}^{N} a_i(w^T\varphi(x_i) + b + e_i - y_i) \tag{3.3}$$

根據 KKT（Karush-Kuhn-Tucker）條件可得：

$$\begin{cases} \dfrac{\partial L}{\partial w} = 0 \to w = \sum_{i=1}^{N} a_i \varphi(x_i) \\ \dfrac{\partial L}{\partial b} = 0 \to \sum_{i=1}^{N} a_i = 0 \\ \dfrac{\partial L}{\partial e_i} = 0 \to a_i = re_i \\ \dfrac{\partial L}{\partial a_k} = 0 \to w^T \varphi(x_i) + b + e_i - y_i = 0 \end{cases} \quad (3.4)$$

消去變量 w、e_i 得到線性方程組：

$$\begin{bmatrix} 0 & I^T \\ I & \Omega + \gamma^{-1}I \end{bmatrix} \begin{bmatrix} b \\ a \end{bmatrix} = \begin{bmatrix} 0 \\ y \end{bmatrix} \quad (3.5)$$

其中，$y = [y_1, y_2, \cdots, y_N]^T$，$a = [a_1, a_2, \cdots, a_N]^T$，$I = [1, 1, \cdots, 1]^T$；$\Omega$ 為核矩陣，滿足 Mercer 條件，其第 i 行第 j 列的元素為 $\Omega_{ij} = K(x_i, x_j) = \varphi(x_i)^T \varphi(x_j)^T$，$i, j = 1, \cdots, N$，$K(x_i, x_j)$ 為核函數。核函數的作用是接受兩個低維空間的向量，計算出經過其變換後在高維空間裡的向量內積值。

由上面的線性方程組求解得 a 和 b，從而可得 LSSVM 擬合模型：

$$y(x) = \sum_{i=1}^{N} a_i K(x_i, x) + b \quad (3.6)$$

3.1.2.2　預測及結果分析

1. 選擇訓練數據

為了驗證 LSSVM 用於短期小麥條銹病發病率預測的可行性，以成都市 1990 年至 2009 年小麥條銹病數據為例，以年為單位對成都市短期小麥條銹病發病率進行預測，並對該地區的預測結果進行分析。為此，本研究收集了成都市 1990 年至 2009 年的小麥種植面積、發病面積、幼苗期氣溫、幼苗期雨日、分葉拔節期氣溫、孕穗抽穗期氣溫、孕穗抽穗期雨日，共計 20 例樣本。我們選取幼苗期氣溫、幼苗期雨日、分葉拔節期氣溫、孕穗抽穗期氣溫、孕穗抽穗期雨日為輸入數據，對應年的小麥發病率為預測值。我們使用前 16 組數據為訓練樣本，後 4 組數據為驗證樣本，即 1990 年至 2005 年的數據作為訓練樣本，2006 年至 2009 年的數據作為驗證樣本。我們利用 MatlabR2010a 和 LS_SVMlab 軟件包對樣本數據進行訓練和仿真。我們選用的核函數是高斯核函數，其中高斯核函數表達式為：

$$K(x_i, x_j) = \exp\left(-\frac{\|x_i - x_j\|^2}{\sigma^2}\right) \qquad (3.7)$$

2. 模型預測效果圖

由於控制參數 C，ε 及核參數 σ 就可以控制支持向量機模型對訓練樣本的決策屬性的擬合程度[107]，本書對支持向量機的各參數利用網格法確定參數的大小，運用上節介紹的方法進行成都市小麥條銹病發病率預測，如圖 3.1、圖 3.2 所示。其中橫坐標表示預測年份，縱坐標表示小麥條銹病發病率，「＊」表示實際測得的小麥發病率，虛線表示預測得到的小麥發病率。

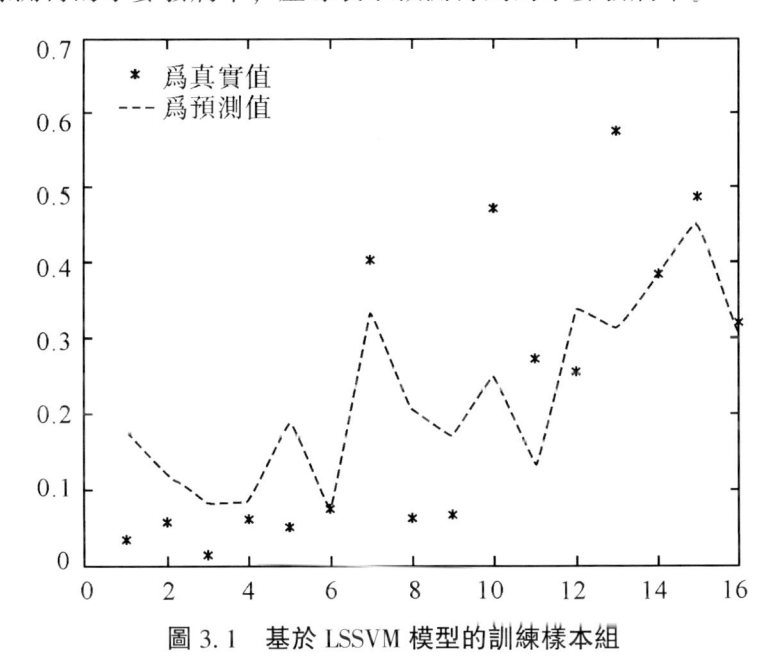

圖 3.1 基於 LSSVM 模型的訓練樣本組

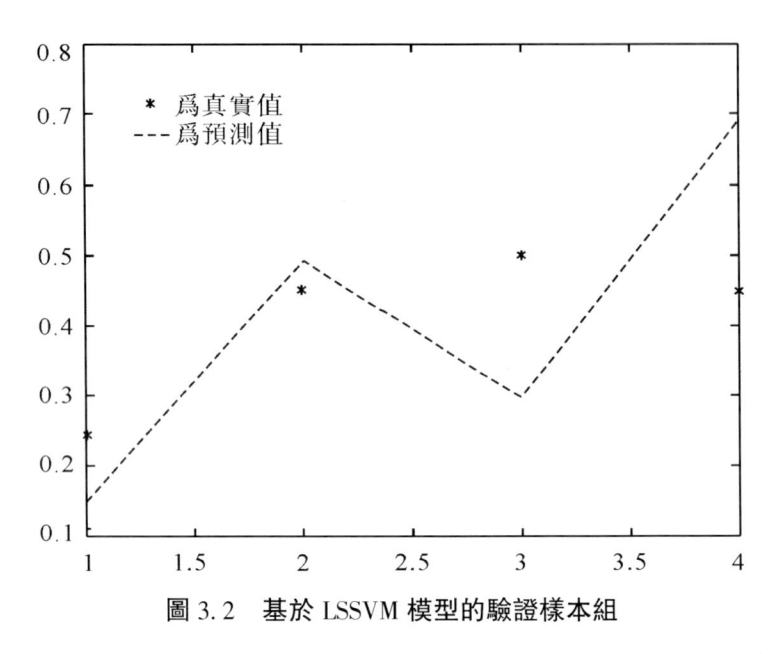

圖 3.2　基於 LSSVM 模型的驗證樣本組

同時利用 Matlab 軟件，繪製整個樣本中每個點的誤差分佈情況，如圖 3.3 所示。

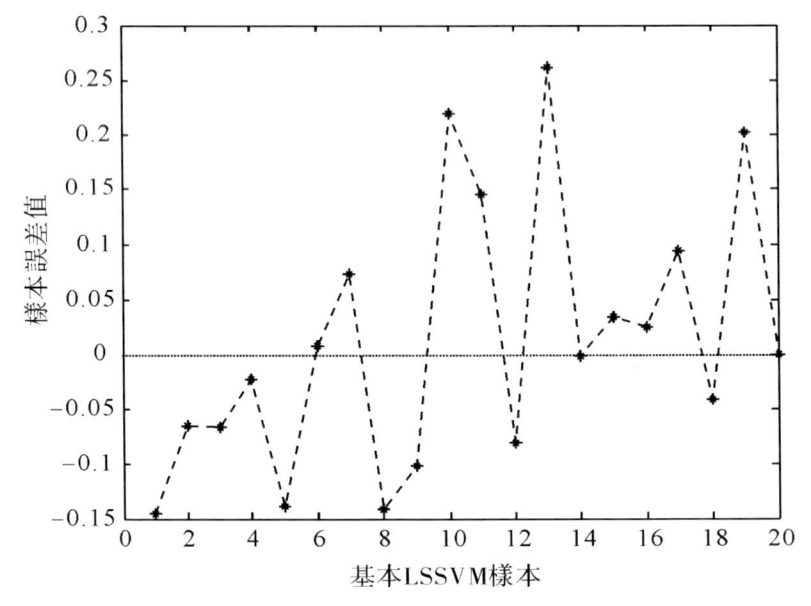

圖 3.3　基於 LSSVM 模型的總樣本誤差分佈

3. 預測誤差分析

為了比較預測結果的準確性，計算均方根誤差：

$$MSE = \frac{1}{n} \sum_{i=1}^{n} (\hat{y}_i - y_i)^2 \qquad (3.8)$$

和平均絕對誤差：

$$MAE = \frac{1}{n} \sum_{i=1}^{n} |\hat{y}_i - y_i| \qquad (3.9)$$

其中，$\hat{y}_i$ 表示預測的小麥的發病率，y_i 表示實際的小麥的發病率。

利用 Matlab 軟件對訓練樣本和驗證樣本進行誤差分析，其結果如表 3.1 所示。

表 3.1　　　　　LSSVM 模型誤差分析表

誤差分析	訓練樣本	驗證樣本
均方誤差（MSE）	0.015,4	0.020,1
平均絕對誤差（MAE）	0.100,4	0.115,0
相關係數（R）	0.773,9	0.582,0

從表 3.1 可以看出，使用基本 LSSVM 模型預測得到的驗證樣本誤差和相關係數大於訓練樣本，說明簡單 LSSVM 模型在本研究中對樣本的泛化能力較差。從誤差大小來分析，基本 LSSVM 模型也能很好地控製訓練樣本和驗證樣本的誤差在一個基本理想的範圍之內。出現樣本泛化能力較差的原因，也許是因為影響小麥條鏽病發病的原因是由多種因素共同決定的有關。本研究僅收集了氣象因素，忽略了抗病品種、風向等的影響，因此預測結果難免會因此而受到影響。為了解決這個問題，應盡可能地減小數據收集的不全面給預測結果帶來的影響，因此下一章將先對收集到的原始數據進行處理，再將處理後的數據作為 LSSVM 模型的輸入。

3.1.3 PSR-LSSVM 模型預測小麥條銹病發病率

3.1.3.1 PSR 算法原理

由於小麥條銹病的發生與氣候、栽培措施、抗病品種等有關，且不是簡單的線性關係，因此很難期望採用簡單的經驗公式或採用數理統計的方法建立一個通用的預測模型。

上一節中採用的簡單 LSSVM 預測，僅考慮了氣象因素，但是就複雜的動力學系統而言，這樣的預測是不全面的，也是不準確的。在這種情形下，相空間重構和最小二乘支持向量機結合的預測模型可以不用考慮除氣象因素以外的其他影響因素，從而達到比較理想的預測效果。

相空間重構（PSR, Phase Space Reconstruction）是混沌時間序列預測的有效方法，可通過利用系統長期演化的任一變量時間序列來研究系統的混沌行為，從而解決了從實際的時間序列裡提取非線性特徵物理量的科學問題。在此基礎上，可以利用事物發展的時間序列本身所計算出來的客觀規律進行預測。此法可避免預測的人為主觀性，從而提高預測的精度和可信度。

相空間重構理論是帕卡德（Packard）等[103]人在 1980 年最先提出來的，之後，塔肯斯（Takens）則從數學上為其奠定了可靠的基礎[109]，提出通過選取最佳的時間延遲和嵌入維數，從單個變量時間序列中恢復出整個原相空間的狀態軌跡。其基本原理如下：

假設時間序列為 $\{x_t | t = 1, 2, \cdots, N\}$，引入時間延遲參數 t 和重構維數 m，得到：

$$X_t = \{x(t), x(t+\tau), x(t+2\tau), \cdots, x(t+(m-1)\tau)\}$$

(3.10)

根據 Takens 定理可以看出，時間延遲參數和重構維數對重構相空間，更好地恢復動力學系統起著至關重要的作用，因此選擇一個好的重構嵌入維數和時間延遲是非常重要的，這有利於展示複雜系統的真實結構。目前，關於這兩個參數的選取方法很多。這其中 C-C 算法容易操作，計算量小，對小數據組可靠，具有較強的抗噪聲能力，因此，本研究選用 C-C 算法來對兩個參數進行選取。C-C 算法的具體表述如下：

對於一組長度為 N 的單變量觀測時間序列 $\{x_i | i = 1, 2, \cdots, N\}$，按照 Takens 定理進行延遲相空間重構，有：

$$X_i = \{x_i, x_{i+\tau}, \cdots, x_{i+(m-1)\tau}\}, \quad i = 1, 2, \cdots, M, \quad X_i \in R^m$$

(3.11)

其中，$M = N - (m-1)\tau$，M 是重構 m 維相空間中的相點個數。則其對應的關聯積分為：

$$C(m, M, r, t) = \frac{2}{M(M-1)} \sum_{1 \leqslant i \leqslant j \leqslant m} \theta(r - \|X(t_i) - X(t_j)\|), \quad r > 0$$

(3.12)

關聯積分是一個用來表徵累積分佈的函數，計算的是重構的相空間中任意兩點之間的距離 $d_{ij} = |X_i - X_j|$ 小於半徑 r 的概率。$i = 1, 2, \cdots, M$；r 是搜索半徑，$r > 0$；t 是延遲時間 $\{x(i)\}$；$\theta(x)$ 是階躍（Heaviside）函數：如果 $x < 0$，$\theta(x) = 0$，如果 $x > 0$，$\theta(x) = 1$。$d_{ij} = |X_i - X_j|$ 一般用最大範數來表徵。

關聯積分對應的 BDS 統計量為：

$$S_1(m, n, r, t) = C(m, n, r, t) - C^m(1, n, r, t)$$

(3.13)

BDS 統計量是用來描述非線性時間序列的相關性的。在計算式（3.13）時需要把原始時間序列拆分成 t 個互不相交的子時間序列，然後採用分塊平均策略，分別計算每個時間序列的檢測統計量 $S_2(m, n, r, t)$，當 $n \to \infty$ 時：

$$S_2(m, n, r, t) = \frac{1}{t}\sum_{s=1}^{t} [C_S(m, r, t) - C_S^m(1, r, t)]$$

(3.14)

具體操作是把時間序列 $\{x_i | i = 1, 2, \cdots, N\}$ 分成 t 個互不相交的子時間序列，對一般的自然數 t，我們有：

$$\{x_1, x_{t+1}, x_{2t+1}, \cdots\}$$
$$\{x_2, x_{t+2}, x_{2t+2}, \cdots\}$$
$$\vdots$$
$$\{x_t, x_{2t}, x_{3t}, \cdots\}$$

每個時間序列的子序列長度 $l = \dfrac{N}{t}$，定義其 $S(m, N, r, t)$ 為：

$$S(m,N,r,t) = \frac{1}{t}\sum_{s=1}^{t}\left[C_S\left(m, \frac{N}{t}, r, t\right) - C_S^m\left(1, \frac{N}{t}, r, t\right)\right]$$

(3.15)

令 $N \to \infty$，有：

$$S(m, r, t) = \frac{1}{t}\sum_{s=1}^{t}[C_S(m, r, t) - C_S^m(1, r, t)] \quad (3.16)$$

檢測統計量與 t 的關係反應了時間序列的自相關性。如果時間序列獨立同分佈，那麼對固定 m，t，$N \to \infty$ 時，對所有的 r，均有 $S(m, r, t)$ 恒為零。但實際序列是有限的，並且序列元素間可能相關，我們實際得到的 $S(m, r, t)$ 不為零。這樣局部最大時間間隔可取為 $S(m, r, t)$ 的零點或對所有搜索半徑差別最小的點。所以選擇對應最大和最小兩個半徑，定義其差值：

$$\Delta S(m, t) = \max\{S(m, r_i, t)\} - \min\{S(m, r_j, t)\}$$

(3.17)

它度量了 $S(m, r, t)$ 關於 r 的變化，局部最優時間 t 則為 $S(m, r, t)$ 的零交叉和 $\Delta S(m, t)$ 的最小值。對所有的 m 和 t，

$S(m, r, t)$ 的零交叉幾乎相同；對所有的 m，$\Delta S(m, t)$ 的最小值也幾乎相同。於是延遲時間 $\{x(i)\}$ 就選為第一次出現這些局部最優的時間。

一般地，N，m，r 的選擇有一定的範圍。當 $\dfrac{\sigma}{2} \leqslant r \leqslant 2\sigma$ 時，$\{x(i)\}$ 是 BSD 統計量的方差，對所有的 $S(m, r_j, t)$ 求平均得 $\bar{S}(t) = \dfrac{1}{\|m\| * \|j\|} \sum_m \sum_j S(m, r_j, t)$，其中 $\|j\|$ 和 $\|m\|$ 分別代表嵌入維數和 r_j 的個數；對所有的 $\Delta S(m, t)$ 求平均 $\Delta \bar{S}(t) = \dfrac{1}{\|m\|} \sum_m \Delta S(m, t)$，取下面統計量：

$$S_{COR}(t) = \Delta \bar{S}(t) - |\bar{S}(t)| \qquad (3.18)$$

取上述統計量的最小值作為延遲時間窗的最優值。於是最佳嵌入維數 m 為：

$$m = \dfrac{\tau_m}{\tau} + 1 \qquad (3.19)$$

3.1.3.2　PSR-LSSVM 算法原理

由於收集到的小麥條銹病的時間序列數據中，包括了所有影響發病率的所有變量的長期演化信息。因此，首先應通過相空間重構將歷史時間序列數據 $\{x(i)\}$ 映射到高維相空間 $\{X_i\}$，進而對序列 $\{x(i)\}$ 的趨勢做出預測。圖 3.4 為基於 PSR-LSSVM 的非線性預測模型學習與預測算法示意圖。

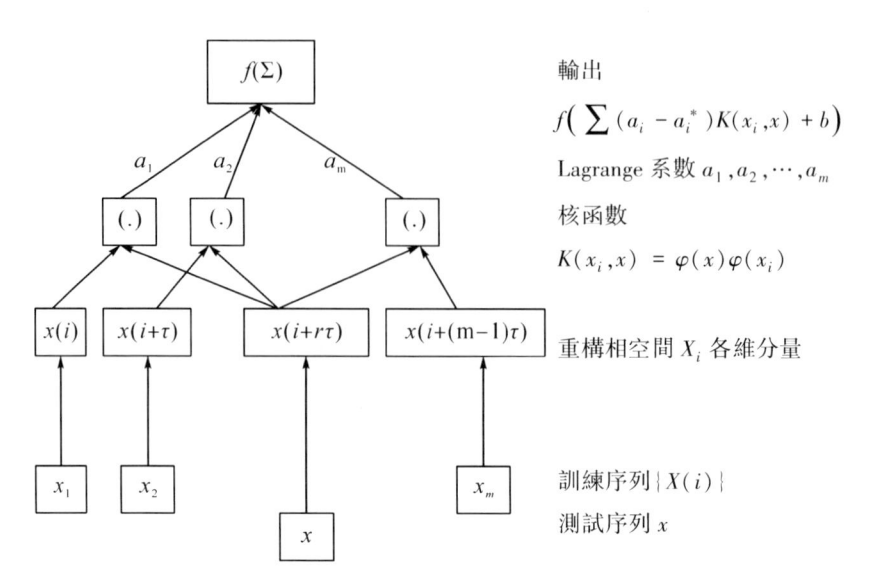

圖 3.4　基於 PSR-LSSVM 模型的學習與預測算法示意圖

其中，$x(i)$，$x(i+\tau)$，$\cdots$，$x(i+(m-1)\tau)$ 是重構相空間中向量 X_i 的各維分量，m 是重構相空間的維數，τ 是時間延遲，i 是重構相空間中向量的序號。採用上節中的 C-C 方法確定 PSR 中的 m 和 τ。LSSVM 中的參數用網格法來優化。

3.1.3.3　預測結果分析

1. PSR-LSSVM 模型預測結果

根據小麥災害的不適定性，採用相空間重構技術對小麥條銹病時間序列數據進行相空間重構，再將重構後的數據作為 LSSVM 的訓練數據輸入。其中 LSSVM 參數採用網格法優化調整。模型中使用到的數據與 §3.1.2 相同。

運用相空間重構和最小二乘支持向量機結合的方法進行成都市小麥條銹病發病率預測，如圖 3.5、圖 3.6 所示。其中橫坐標表示預測年份，縱坐標表示小麥條銹病發病率，「＊」表示實際測得的小麥發病率，虛線表示預測得到的小麥發病率。

圖 3.5 基於 PSR-LSSVM 模型的訓練樣本組

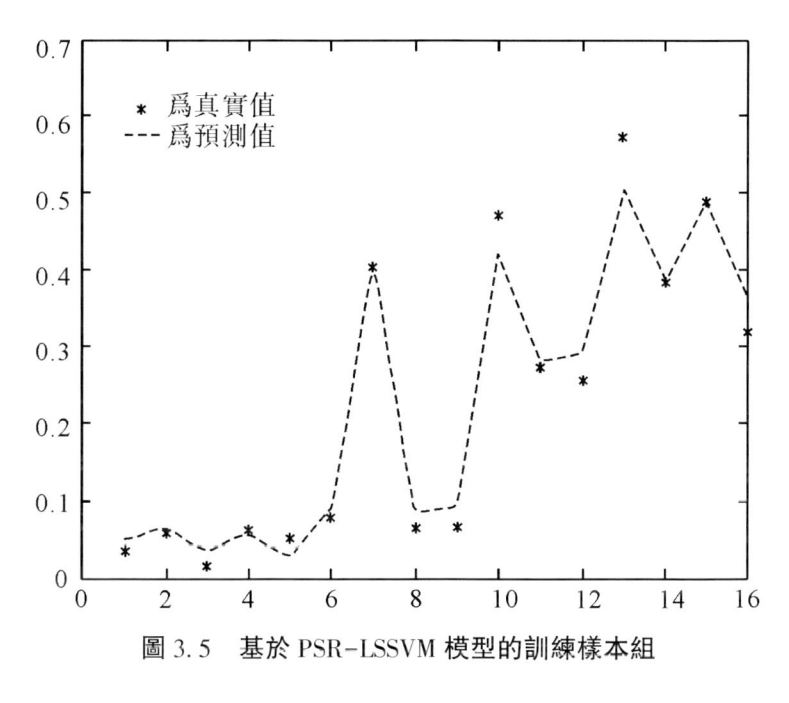

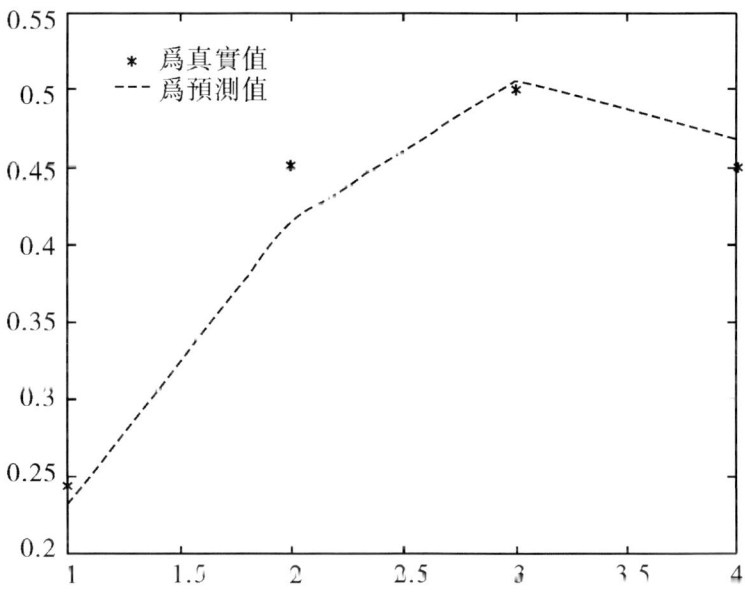

圖 3.6 基於 PSR-LSSVM 模型的驗證樣本組

3 現代數學方法在生物序列數據處理中的應用

同時利用 Matlab 作誤差分析，誤差分佈如圖 3.7 所示。

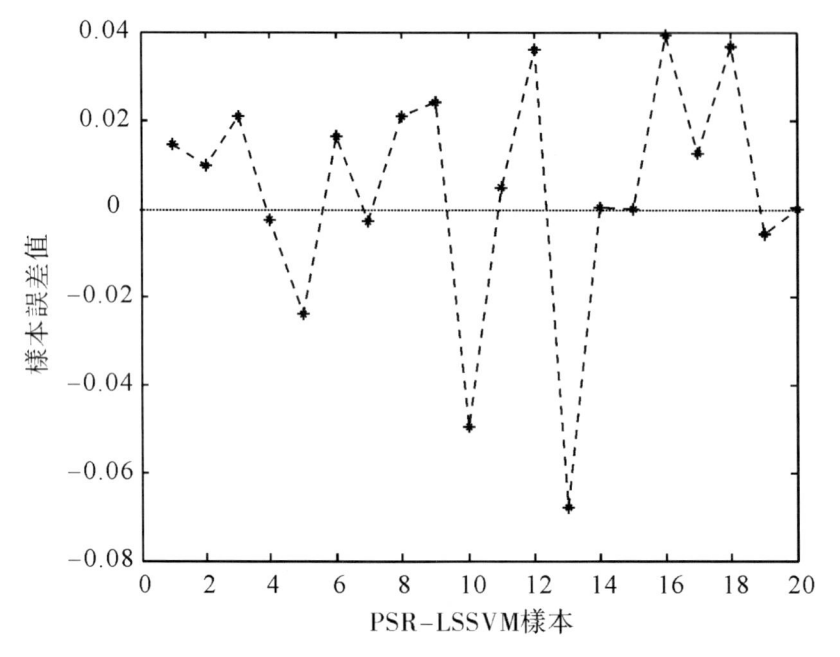

圖 3.7　基於 PSR-LSSVM 模型的總樣本誤差分佈

2. 預測誤差分析

為了便於與基本 LSSVM 預測模型作比較，我們此次仍然採用均方根誤差（MSE）和平均絕對誤差（MAE）進行誤差分析。利用 Matlab 軟件對訓練樣本和驗證樣本進行誤差分析，其結果如表 3.2 所示。

表 3.2　　　　　PSR-LSSVM 模型誤差分析表

誤差分析	訓練樣本	驗證樣本
均方誤差（MSE）	0.003,9	0.000,057
平均絕對誤差（MAE）	0.046,1	0.017,9
相關係數（R）	0.971,8	0.981,2

從誤差和相關係數來看，PSR-LSSVM 預測模型在小麥條銹病預測中取得了不錯的效果，且具有較強的泛化能力和魯棒性。

3.1.4　LSSVM 和 PSR-LSSVM 預測模型對比

對 LSSVM 和 PSR-LSSVM 的預測結果進行對比分析，如圖 3.8、圖 3.9 所示。其中橫坐標表示年份，縱坐標表示小麥條銹病發病率。虛線表示經 PSR-LSSVM 模型預測得到的小麥發病率，實線表示經基本 LSSVM 模型預測得到的小麥發病率，「＊」表示實際測得的小麥條銹病發病率。

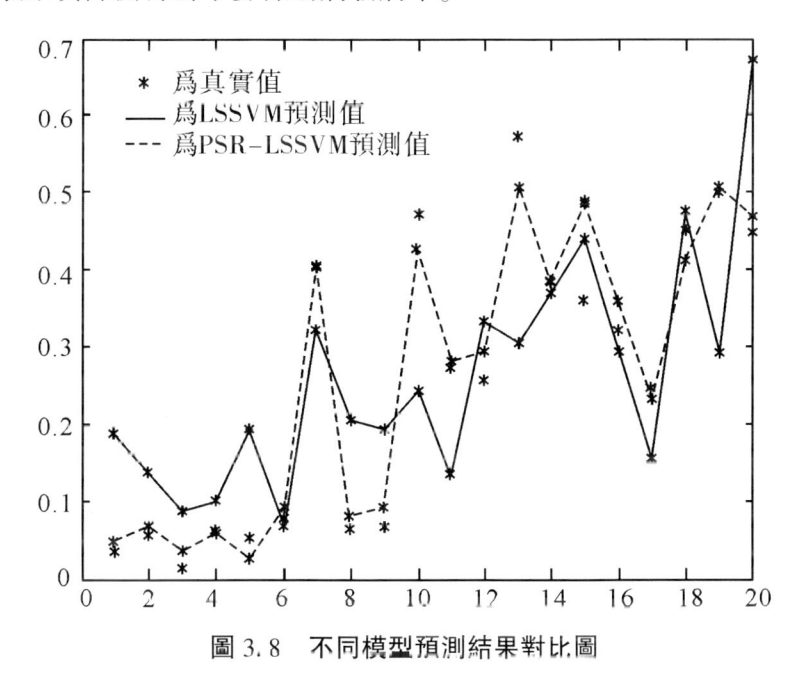

圖 3.8　不同模型預測結果對比圖

图 3.9　不同预测方法误差分析对比图

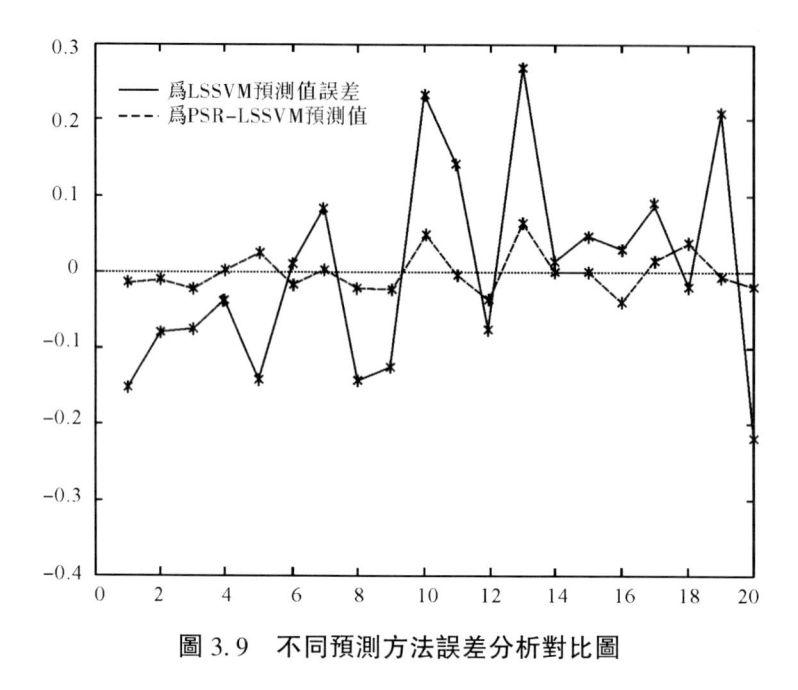

将基本 LSSVM 与 PSR-LSSVM 模型预测结果进行误差对比，具体结果见表 3.3。

表 3.3　　　　　　不同预测模型误差对比表

不同预测模型误差分析	LSSVM 模型		PSR-LSSVM 模型	
	训练样本	验证样本	训练样本	验证样本
均方误差（MSE）	0.015,4	0.020,1	0.003,9	0.000,057
平均绝对误差（MAE）	0.100,4	0.115,0	0.046,1	0.017,9
相关系数（R）	0.773,9	0.582,0	0.971,8	0.981,2

通过图 3.8、图 3.9 的对比以及表 3.3 的误差对比，可以很明显地看出，PSR-LSSVM 模型的预测效果要高于 LSSVM 模型的预测效果，因此，将 PSR-LSSVM 模型运用于小麦条锈病预测领域是具有可行性的。同时这也说明了小麦条锈病的发生与流

行是一個複雜的動力學系統，如果僅僅使用收集到的氣象數據進行預測，勢必會影響預測的準確率。

3.1.5　結果分析及討論

本研究先用基本 LSSVM 迴歸模型進行發病率預測，得到的預測準確率偏低，這說明小麥條銹病的發生與流行是一個複雜的動力學系統，使用基本 LSSVM 模型則因未考慮到它的混沌性致使預測效果降低。

針對基本 LSSVM 模型存在的問題，本研究提出了基於相空間重構和最小二乘支持向量機結合的小麥條銹病預測方法。此算法不僅考慮了小麥條銹病數據的混沌特徵，而且還結合了最小二乘支持向量機迴歸的優點。此算法先對原始數據進行相空間重構，再將重構數據作為最小二乘支持向量機的輸入數據。結果證明，這種模型在小麥條銹病預測中取得了不錯的效果，並通過與基本 LSSVM 迴歸模型預測結果進行對比，驗證了基於相空間重構和最小二乘支持向量機的預測方法的有效性。

由於樣本數較少，本研究結果尚未達到統計學上的統計意義。但在短期災害預測中，PSR-LSSVM 方法得到了大量的應用。該方法有著自身的優點，因此對於其他災害預測也是適用的。

3.2　神經網絡在胎兒體重預測中的應用

3.2.1　研究背景

胎兒體重是胎兒生長發育的最終直接指標，是估計胎兒宮內生長發育、診斷胎兒發育異常以及選擇分娩方式的重要參考資料之一。因此，科學地評估胎兒體重是婦產科學中非常重要的研究課題。

隨著超聲技術的發展，超聲檢查成為估測胎兒體重的重要手段，從單參數測量到多參數測量，從二維超聲到三維超聲，其準確性不斷提高。但是超聲技術仍然難以滿足臨床工作的需要，其測量誤差及迴歸公式的本身缺陷導致估測體重的誤差較大，對於巨大兒和低體重兒的估測誤差更大。尋找一種更加精確的嬰兒體重預測方法，對產科的產前護理、分娩方式的選擇、減少產科併發症，具有十分重要的意義。

本書通過利用 BP 人工神經網絡的優越性，對醫院的胎兒體重進行預測分析，建立了一種更加精確預測胎兒體重的數學模型。

3.2.2　預測參數選擇與數據來源

超聲測量預測胎兒體重較常用的生理參數有雙頂徑、股骨長、腹圍等[116]。根據薩巴哈（Sabbagha, 1989）的研究，孕周是估計胎兒體重的一個非常重要的參數，因為在不同的孕周，胎兒的骨骼密度，形態學特徵有很大不同[117]。

（1）雙頂徑（Biparietal Diameter, BPD）

雙頂徑是指胎頭的最大橫徑，是雙側頂骨隆突之間的距離，是雙側顱骨之間的最大距離。它是產科超聲檢查的必測指標，與胎兒的生長有良好的相關性，常用於判斷胎兒的生長速度是否與妊娠月份相符及發現大腦結構異常，是最早用於預測胎兒大小的指標。

（2）股骨長（Femur length, FL）

股骨長是胎兒股骨的長度，與雙頂徑一樣也是一個必測指標。股骨是胎兒身體內最長的長骨，反應了胎兒四肢的生長狀況，可間接反應胎兒的身高和發育狀況，常與其他指標一起聯合應用於胎兒體重預測。有研究表明，在妊娠晚期股骨長比雙頂徑與胎兒體重有更好的相關性。

（3）腹圍（Abdominal circumference，AC）

腹圍與胎兒體重的關係越來越受到重視。有研究認為，胎兒腹圍是預測胎兒體重中最有效的參數[118,119]。因為妊娠晚期胎兒體重的增加，主要與脂肪的堆積及肝糖原的儲存有關，體現在超聲測量上主要表現為腹圍的增加而不是雙頂徑的增加，因此，腹圍在一定程度上也成為影響胎兒體重的主要因素。

採集醫院 130 組胎兒樣本，樣本信息分別包含孕婦孕期、雙徑頂、腹圍、股骨長以及胎兒的體重。利用 Person 相關係數公式，孕齡、雙頂徑、腹圍、股骨長與胎兒體重的相關係數 R 分別為 0.985,5、0.948,4、0.962,5、0.951,9，其中顯著性 P 都小於 0.01，具有很高的顯著性。本研究的 BP 人工神經網絡輸入參數確定為孕齡、雙頂徑、腹圍、股骨長四個生理參數。

3.2.3　BP 人工神經網絡模型預測胎兒體重

3.2.3.1　人工神經網絡預測胎兒體重優勢

由於胎兒的超聲參數與胎兒體重的關係複雜，不是簡單的線性關係，影響因素較多，例如孕婦所在的地區的不同、其本身情況的差異、胎兒在宮內胎產式的不同以及測量方法的差異，所以很難期望採用簡單的經驗公式或者採用數理統計的方法建立一個通用的計算公式，也無法獲得較高的符合率[120]。

傳統的迴歸分析適合於低維變量和變量線性可分的情況，而對於變量之間有相互影響、多維、非線性的情形並不合適。在這種情形下，人工神經網絡將提供更準確的預測值[121]。

人工神經網絡實際上是專業人員根據臨床要求而設計的一個軟件，它的優點在於其「智能性」，能夠對輸入其內的一系列數據進行綜合分析，在一定程度上能克服數據本身的誤差，以得到盡可能準確的結果[122]。

1992年，美國學者法默（Farmer）等人用人工神經網絡預測胎兒體重，認為這方法的準確性高於傳統的迴歸計算法[123]。

人工神經網絡主要具有以下特性：

（1）運算速度快。它由許多小的神經元相互連接而成，雖然每個神經元功能簡單，但大量神經元並行活動會極大提高處理、計算能力，從而具有極快的速度。

（2）非常強的魯棒性和容錯性。局部或部分神經元損壞後，不會對全局活動造成很大影響。

（3）非線性映射能力。

（4）分佈式存儲方式。從單個權值中看不出存儲信息的內容，信息存儲在神經元之間的連接權值上。

（5）強大的學習能力。連接權值和連接的結構都可以通過學習得到。

基於人工神經網絡這些突出的特性，而胎兒B超生理參數與胎兒體重為非線性關係，所以採用人工神經網絡肯定會取得比較高的準確率。

3.2.3.2 算法原理

根據前面的分析，建立基於BP網絡的胎兒體重預測模型的拓撲結構如圖3.10所示。

它是一種單向傳播的多層前向網絡，具有三層或三層以上的結構。它包括輸入層、隱含層和輸出層。上下層之間全連接，每層神經元之間無連接。當輸入信號提供給網絡後，神經元的激活值從輸入層經各中間層向輸出層傳播，輸入信號通過隱層和輸出層節點的處理計算得到的網絡實際輸出進一步與期望輸出相比較，並計算實際輸出與期望輸出的誤差。

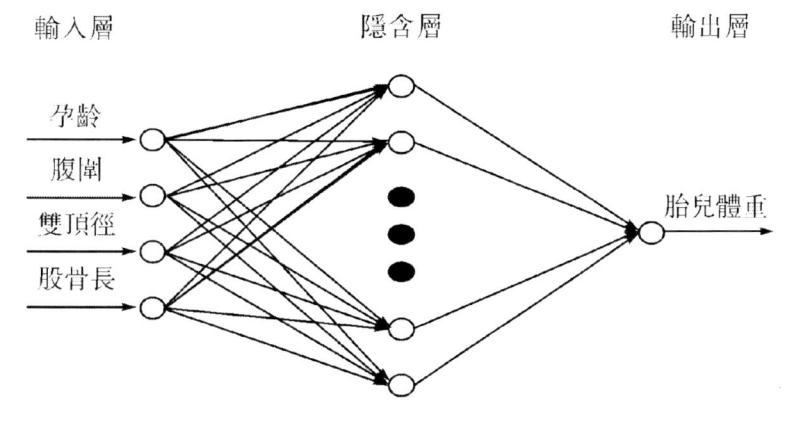

圖 3.10　BP 人工神經網路預測胎兒體重模型

然後，按照減少目標輸出與實際誤差的方向，將誤差作為修改權值的依據反向傳播至輸入層，從輸出層經過各中間層逐層修正各連接權值，並反覆這一過程，直到實際輸出與期望輸出的誤差達到預先設定的誤差收斂標準。隨著這種誤差修正不斷進行，網絡對輸入模式回應的正確率也不斷上升。

以一個三層 BP 網絡為例，介紹 BP 網絡的學習過程及步驟。先對符號進行如下定義：

網絡輸入向量 $P_K = (a_1, a_2, \cdots, a_n)$；

網絡目標向量 $T_K = (y_1, y_2, \cdots, y_q)$；

中間層單元輸入向量 $S_k = (s_1, s_2, \cdots, s_p)$，輸出向量 $B_k = (b_1, b_2, \cdots, b_p)$；

輸出層單元輸入向量 $L_k = (l_1, l_2, \cdots, l_q)$，輸出向量 $C_k = (c_1, c_2, \cdots, c_q)$；

輸入層至中間層的連接權 ω_{ij}，$i = 1, 2, \cdots, n$；$j = 1, 2, \cdots, p$；

中間層至輸入層的連接權 v_{jt}，$j = 1, 2, \cdots, p$；$t = 1, 2, \cdots, p$；

中間層各單元的輸出閾值 θ_i，$i = 1, 2, \cdots, p$；

輸出層各單元的輸出閾值 γ_j，$j = 1, 2, \cdots, p$；

參數 $k = 1, 2, \cdots, m$。

（1）初始化。給每個連接權值 ω_{ij}，υ_{jt}，閾值 θ_i 與 γ_i 賦予區間（-1，1）內的隨機值。

（2）隨機選取一組輸入和目標樣本 $P_k = (a_1^k, a_2^k, \cdots, a_n^k)$、$T_k = (s_1^k, s_2^k, \cdots, s_p^k)$ 提供給網絡。

（3）用輸入樣本 $P_k = (a_1^k, a_2^k, \cdots, a_n^k)$，連接權 ω_{ij} 和閾值 θ_i 計算中間層各單元的輸入 S_j，然後用 S_j 通過傳遞函數計算中間層各單元的輸出 b_j。

$$S_j = \sum_{i=1}^{n} \omega_{ij} a_i - \theta_j, \ j = 1, 2, \cdots, p$$
$$b_j = f(s_j), \ j = 1, 2, \cdots, p$$

（4）利用中間層的輸出 b_j，連接權 υ_{jt} 和閾值 γ_t 計算輸出層各單元的輸出 L_t，然後通過傳遞函數計算輸出層各單元的回應 C_t。

$$L_t = \sum_{j=1}^{p} \upsilon_{jt} b_j - \gamma_t, \ t = 1, 2, \cdots, q$$
$$C_t = f(L_t), \ t = 1, 2, \cdots, q$$

（5）利用網絡目標向量 $T_k = (y_1^k, y_2^k, \cdots, y_q^k)$，網絡的實際輸出 C_t，計算輸出層的各單元一般化誤差 d_k^t。

$$d_t^k = (y_t^k - C_t) \cdot C_t(1 - C_t), \ t = 1, 2, \cdots, q$$

（6）利用連接權 υ_{jt}，輸出層的一般化誤差 d_t 和中間層的輸出 b_j 計算中間層各單元的一般化誤差 e_j^k。

$$e_j^k = \left[\sum_{t=1}^{q} d_t \cdot \upsilon_{jt} \right] b_j(1 - b_j)$$

（7）利用輸出層各單元的一般化誤差 d_k^t 與中間層各單元的輸出 b_j 來修正連接權 υ_{jt} 和閾值 γ_i。

$$\upsilon_{jt}(N+1) = \upsilon_{jt}(N) + \alpha \cdot d_t^k \cdot b_j$$
$$\gamma_t(N+1) = \gamma_t(N) + \alpha \cdot d_t^k$$
$$t = 1, 2, \cdots, q; j = 1, 2, \cdots, p; 0 < \alpha < 1$$

（8）利用中間層各單元的一般化誤差 e_j^k，輸入層各單元的輸入 $P_K = (a_1, a_2, \cdots, a_n)$ 來修正連接權 ω_{ij} 和閾值 θ_i。

$$\omega_{ij}(N+1) = \omega_{ij}(N) + \beta \cdot e_j^k \cdot \alpha_i^k$$

$$\theta_j(N+1) = \theta_j(N) + \beta \cdot e_j^k$$

$$i = 1, 2, \cdots, n; j = 1, 2, \cdots, p; 0 < \beta < 1$$

（9）隨機選取下一個學習樣本向量提供給網絡，返回到步驟（3），直到 m 個訓練樣本訓練完畢。

（10）重新從 m 個學習樣本中隨機選取一組輸入和目標樣本，返回步驟（3），直到網絡全局誤差 E 小於預先設定的一個極小值，即網絡收斂。如果學習次數大於預先設定的值，網絡就無法收斂。

（11）學習結束。

3.2.3.3 預測及效果分析

1. 網絡訓練參數設置

採集醫院 130 例樣本，將其隨機排序。使用前 100 組樣本為訓練樣本，後 30 組樣本為驗證樣本。利用 Matlab 中的人工神經網絡工具箱[125]，對樣本數據進行訓練和仿真。採用常用的三層模型，根據 Hecht-Hielsen 提出的「2n+1」法（其中 n 為輸入神經元節點數），確定為 4-7-1 結構的 BP 人工神經網絡模型，網絡參數和結構設置如表 3.4 所示。

表3.4　　　　　　　　網絡結構參數設置

網絡結構參數	取值
中間層傳遞函數	S 型正切函數
輸出層傳遞函數	純線性函數
目標誤差	10^{-6}
最大訓練次數	3,000
網絡學習效率	0.2

表3.4(續)

網絡結構參數	取值
隱含層神經元個數	7
網絡訓練動量系數	0.9

其中S型正切函數表達式如下：

$$f(x) = \frac{e^x - e^{-x}}{e^x + e^{-x}} \qquad (3.20)$$

2. 網絡權重和閾值結果

通過網絡訓練之後，得出網絡層與層之間的權重值如表 3.5 所示。

表 3.5　　　　　　　　網絡權重

層	節點	連接	權重	層	節點	連接	權重
2	1	1	0.195,42	2	5	3	1.175,8
2	1	2	0.245,16	2	5	4	1.299,3
2	1	3	2.110,8	2	6	1	1.023,6
2	1	4	0.247,03	2	6	2	-0.501,88
2	2	1	0.390,14	2	6	3	1.656,5
2	2	2	0.924,56	2	6	4	1.207,1
2	2	3	-1.780,6	2	7	1	-0.307,53
2	2	4	-1.107,5	2	7	2	-1.881,7
2	3	1	-1.120,5	2	7	3	-0.545,69
2	3	2	-1.611,9	2	7	4	-0.806,9
2	3	3	1.055,1	3	1	1	0.529,67
2	3	4	0.359,74	3	1	2	0.195,51
2	4	1	-0.367,7	3	1	3	-0.351,9
2	4	2	0.592,31	3	1	4	0.149,73

表3.5(續)

層	節點	連接	權重	層	節點	連接	權重
2	4	3	1.992,9	3	1	5	0.375,92
2	4	4	-0.528,86	3	1	6	-0.206,27
2	5	1	0.795,41	3	1	7	-0.112,82
2	5	2	-1.142,2				

通過網絡訓練之後，第2層每個節點閾值分別為-2.365,3、-1.442,4、0.559,3、0.019,7、0.724,7、1.293,2、-2.341,4。第3層節點閾值為0.219,2。

3. 樣本誤差分析

利用Matlab軟件對訓練後樣本和驗證樣本進行誤差分析，其結果如表3.6所示。

表3.6　　　　　　模型誤差分析

誤差分析	訓練樣本（100）	驗證樣本（30）
樣本總誤差（g）	148,451.89	129,606.24
平均絕對誤差（g）	37.72	74.11
平均相對誤差（%）	3.60	4.71
符合率（%）	99.00	96.67

樣本總誤差（E）計算公式如下：

$$E = \frac{1}{2} \sum_{k=1}^{m} (y^k - c^k)^2 \quad (3.21)$$

平均絕對誤差（AAE）計算公式如下：

$$AAE = \frac{1}{m} \sum_{k=1}^{m} |y^k - c^k| \quad (3.22)$$

平均相對誤差（APAE）計算公式如下：

$$APAE = \frac{1}{m}\sum_{k=1}^{m}(|y^k - c^k|) * 100\%/y^k \qquad (3.23)$$

其中,y^k 表示真實體重矢量,c^k 表示預測體重矢量。符合是指胎兒體重預測值與新生兒出生時體重之差不大於 250g[126]。

4. 模型預測效果圖

在訓練組中,預測的胎兒體重與實際胎兒體重的相關係數是 0.998,8;在驗證組中,預測的胎兒體重與實際胎兒體重的相關係數是 0.996,8。圖 3.11、圖 3.12 橫坐標表示預測體重,縱坐標表示真實體重;實線表示理想迴歸直線(網絡輸出等於實際體重時的直線),虛線表示最優迴歸直線。

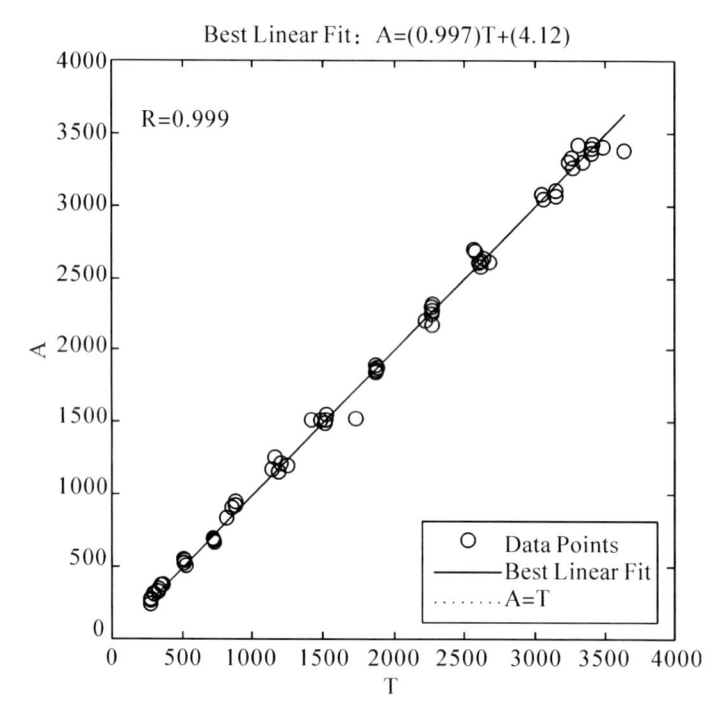

圖 3.11 訓練樣本組預測相關分析

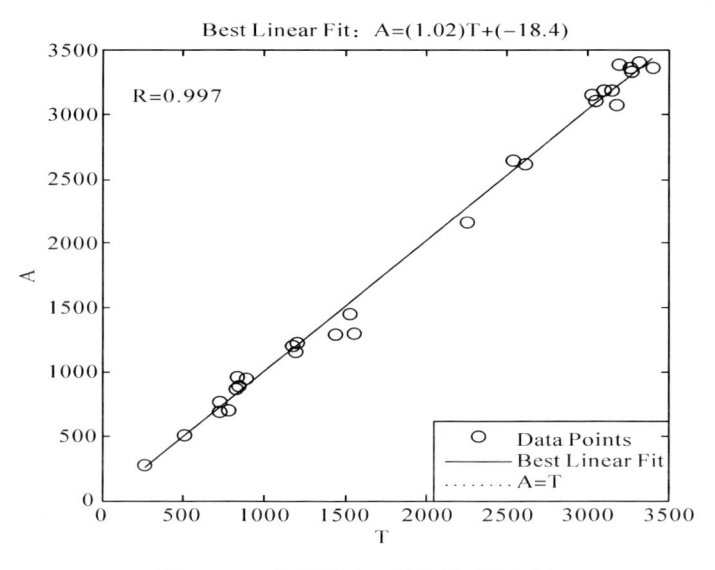

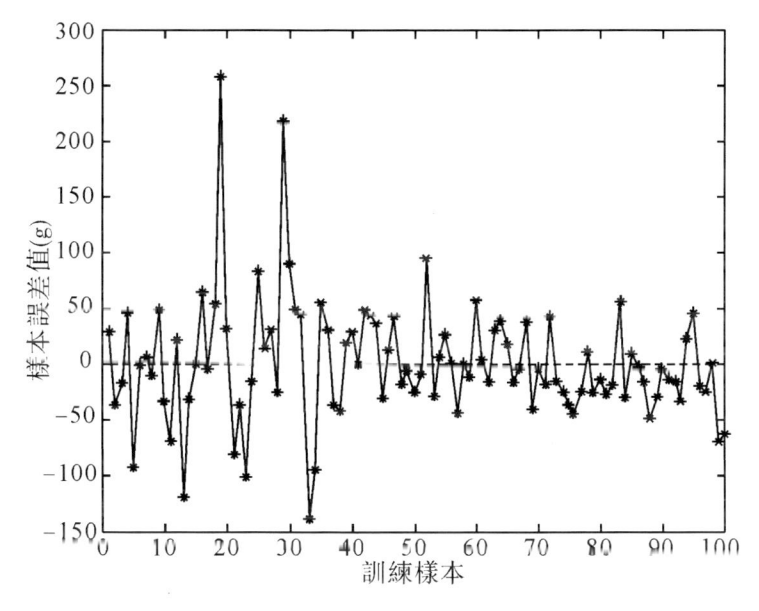

图 3.12 验证样本组预测相关分析

同时利用 Matlab 软件，将训练样本和验证样木中每个点的误差情况分别绘制如图 3.13、图 3.14 所示。

图 3.13 单个训练样本误差分布

3 现代数学方法在生物序列数据处理中的应用

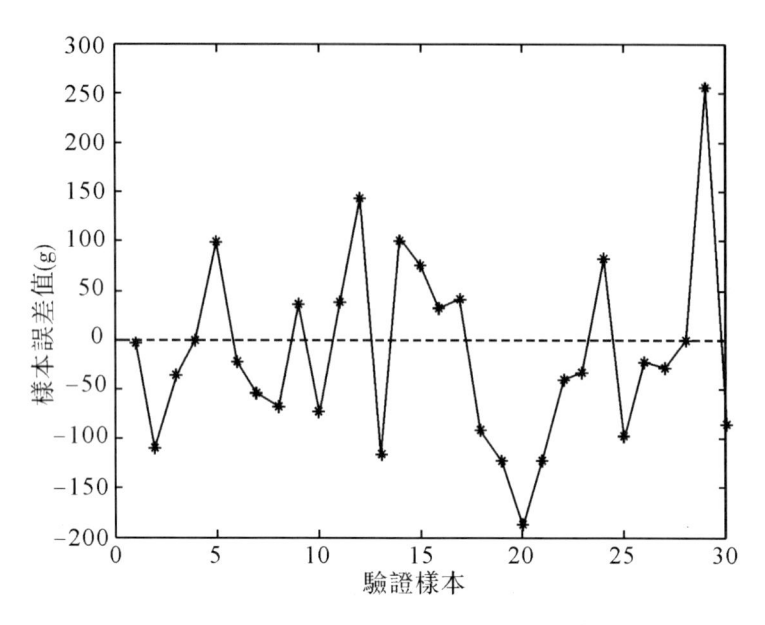

圖 3.14　單個驗證樣本誤差分佈

3.2.4　傳統迴歸預測模型對比

現將 BP 人工神經網絡預測胎兒體重效果與以下 3 種常用迴歸方程進行對比分析。其中迴歸方程 1 來源於育兒網常用預測胎兒方法之一，迴歸方程 2 為 Hadlock 方程[126]預測胎兒體重，迴歸方程 3 為 Hsieh 方程[127]預測胎兒體重。具體表達式見表 3.7。

表 3.7　各種預測胎兒體重的迴歸方程

組　別	表　達　式
迴歸方程 1	$EFW = 1.07 * BPD^3 + 0.3 * AC^2 * FL$
迴歸方程 2	$\log_{10} EFW = 1.355 + 0.045,7 * AC + 0.162,3 * FL$ $+ 0.031 * BPD - 0.003,4 * AC * FL$
迴歸方程 3	$\log_{10} EFW = 1.710,1 + 0.028,775 * AC * BPD - 0.000,612,96$ $* AC^2 * BPD + 0.000,036,7 * AC^3 - 0.228 * BPD$

3.2.4.1　不同預測方法對比結果表

將 BP 人工神經網絡與 3 種迴歸方程進行誤差對比，具體結果見表 3.8。

表 3.8　　　　　　　　不同預測方法誤差對比

誤差分析	神經網絡	迴歸方程 1	迴歸方程 2	迴歸方程 3
樣本總誤差（g）	129,606.24	426,703.07	788,355.73	848,438.47
平均絕對誤差（g）	74.11	140.50	185.40	198.19
平均相對誤差（%）	4.71	9.19	10.61	36.33
符合率（%）	96.67	86.67	63.33	63.33

利用 Matlab 軟件計算 BP 人工神經網絡、迴歸方程 1、迴歸方程 2、迴歸方程 3 預測的胎兒體重與實際胎兒體重的相關係數分別為 0.996,8、0.995,0、0.994,8、0.995,0。

3.2.4.2　不同預測方法對比結果圖

圖 3.15、圖 3.16、圖 3.17 橫坐標表示預測體重，縱坐標表示真實體重；實線表示理想迴歸直線（網絡輸出等於實際體重時的直線），虛線表示最優迴歸直線。

圖 3.18、圖 3.19、圖 3.20 分別為使用迴歸方程 1、迴歸方程 2、迴歸方程 3 預測胎兒體重的單個樣本誤差分佈圖。

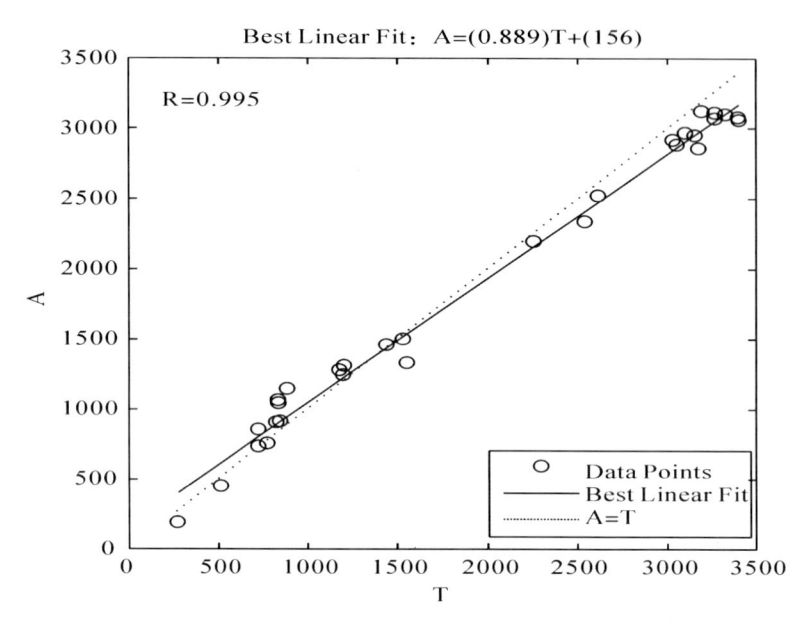

圖 3.15　迴歸方程 1 預測相關分析

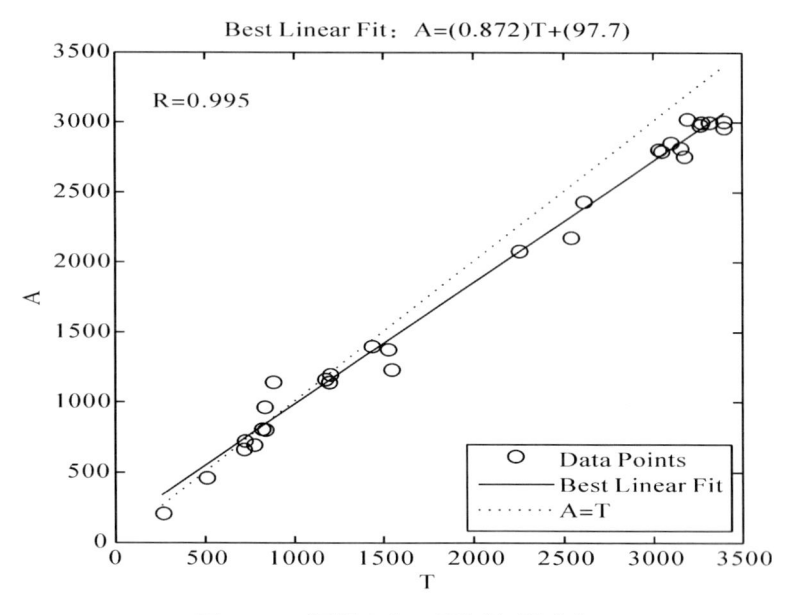

圖 3.16　迴歸方程 2 預測相關分析

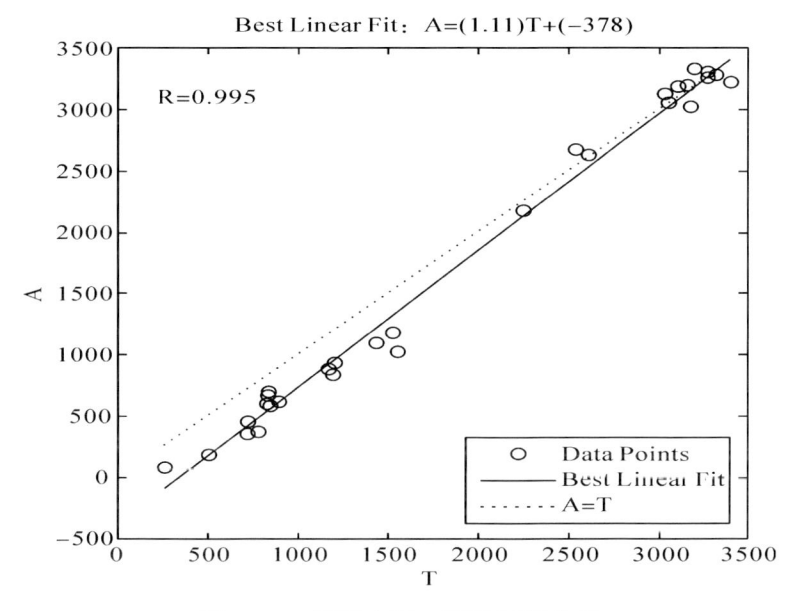

圖 3.17　迴歸方程 3 預測相關分析

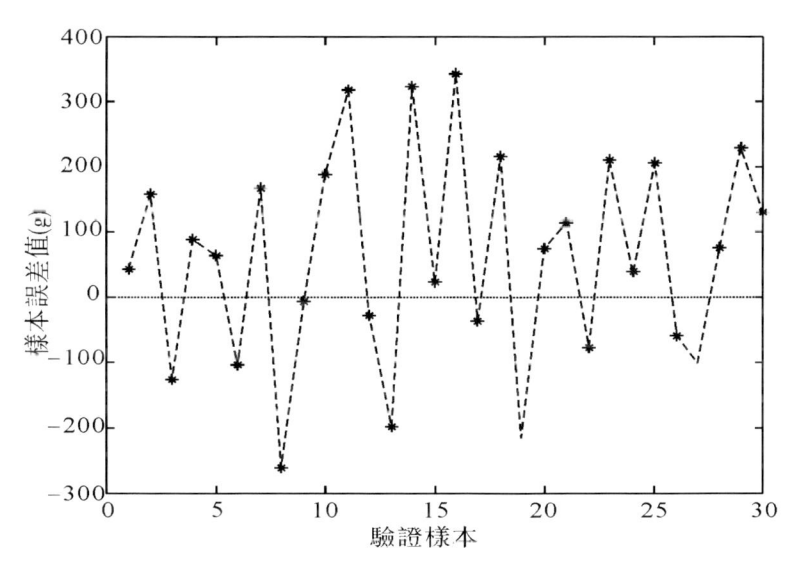

圖 3.18　迴歸方程 1 誤差分佈

3　現代數學方法在生物序列數據處理中的應用 135

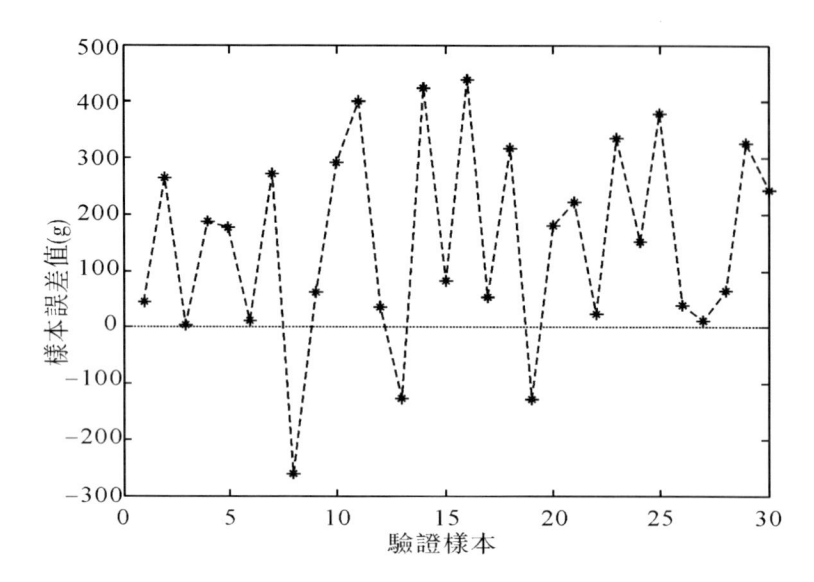

图 3.19 迴歸方程 2 誤差分佈

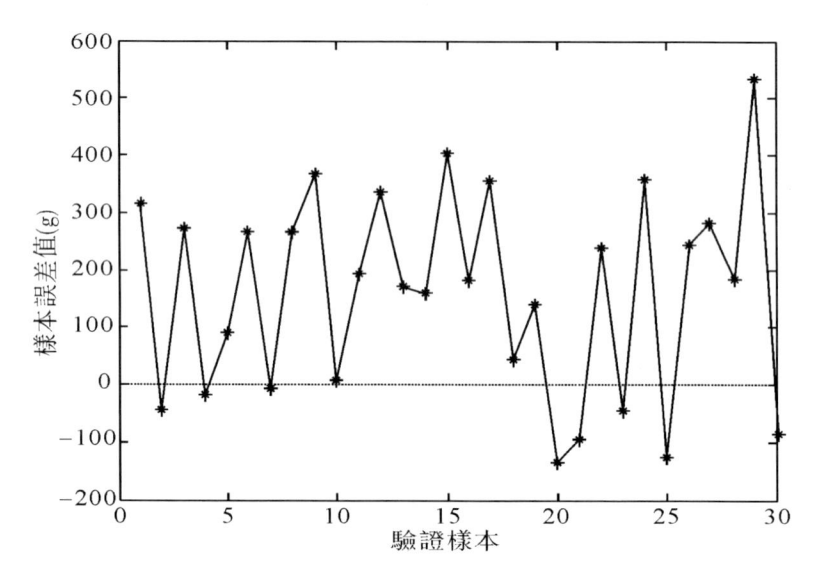

图 3.20 迴歸方程 3 誤差分佈

将 BP 人工神經網絡同迴歸方程 1、迴歸方程 2、迴歸方程 3 進行對比，結果如圖 3.21 所示。

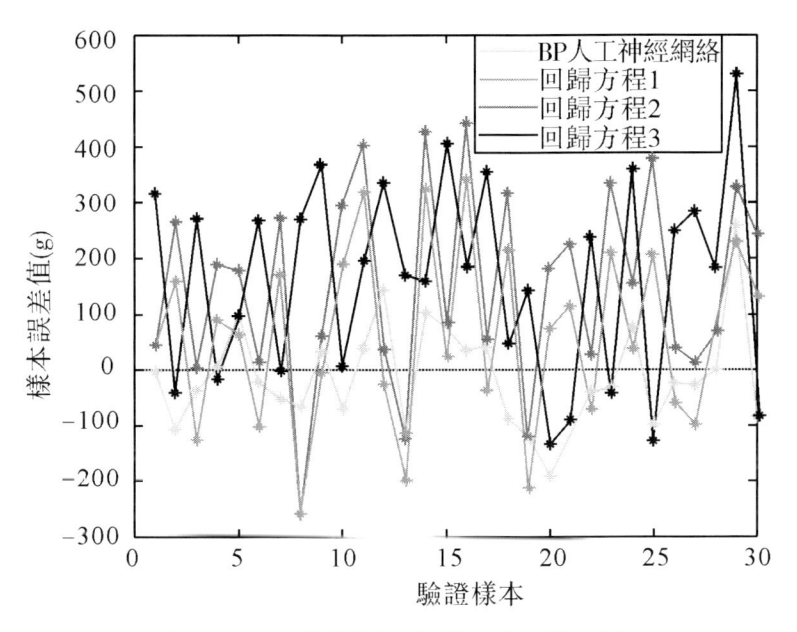

圖 3.21　不同預測方法誤差分析對比圖

通過圖 3.21，可以很明顯地看出，BP 人工神經網絡的預測精度要高於傳統的迴歸方程。因此，將 BP 人工神經網絡運用於胎兒體重預測領域是具有可行性的，對於臨床醫學具有重大的現實意義。

3.2.5　結論與討論

人工神經網絡預測胎兒體重準確率高於傳統迴歸方程，可以更加精確地預測出胎兒體重，對胎兒體重預測具有很高的現實意義。

由於樣本數較少，本研究結果尚未達到統計學上的統計意義，同時該方法是經在特定的醫院收集的樣本訓練後得到的，因此，不能保證直接採用這些網絡參數在其他醫院預測胎兒體重同樣獲得理想的效果。但是，本研究所提出的神經網絡方法是完全可以借鑑的。

人工神經網絡還存在網絡結構複雜、訓練時間長、易於過學習等缺點。當要求精度不高時，採用傳統方法預測胎兒體重也是可取的。

3.3 獨立分量分析在生物醫學信號增強中的應用

3.3.1 研究背景

心電信號是人類最早研究並應用於臨床與醫學的生物電信號之一，心電信號比其他生物電信號更易於檢測，並且具有較直觀的規律性。心電圖在心臟疾病的臨床診斷中具有重要價值，能為心臟疾病的正確分析、診斷、治療和監護提供客觀指標。然而，人體的心電信號在採集過程中，由於儀器、人體等內外環境的影響，不可避免地混雜了各種干擾信號，如工頻干擾、人工偽跡、基線漂移和肌電干擾等。這些噪聲干擾與心電信號混雜，會引起心電信號的畸變，使心電波形模糊不清，從而影響信號特徵點的識別，難以進行分析和診斷，因此有效分離各種干擾信號對心電信號處理有著重要的意義[25]。

傳統的生物醫學信號處理技術有 AEV 方法、自適應濾波方法、小波分析方法、人工神經網絡分析方法等。然而傳統信號分析過程中往往假設噪聲是高斯分佈的，信號和噪聲的非高斯分佈特性常常導致在高斯假設下所設計的基於二階統計量的信號分析處理系統性能顯著退化，不能更好地進行研究[120]。本研究採用一種獨立分量分析方法，對混有噪聲的心電信號進行盲源分離。

3.3.2 研究方法與原理

3.3.2.1 ICA 算法原理

設有 n 個未知的源信號 $s_j(t)$，$j=1,\cdots,n$，所發出的信號被 m 個傳感器接收後得到輸出 x_1，x_2，$\cdots$，x_m。假設傳輸是瞬時完成的，且傳感器收到的是各個源信號的線性混合，即第 i 個傳感器的輸出為：

$$x_i = \sum_{j=1}^{n} a_{ij} s_j(t) + n_i(t), \quad i = 1, 2, \cdots, m \quad (3.24)$$

其中，a_{ij} 為混合系數，$n_i(t)$ 為第 i 個傳感器的觀測噪聲。用矢量和矩陣表示為：

$$x(t) = As(t) + n(t) \quad (3.25)$$

其中，$s_i(t) = [s_1(t), s_2(t), \cdots, s_n(t)]^T$ 是 $n \times 1$ 的源信號列矢量，$x(t)$ 為 $m \times 1$ 的混合信號矢量，$n(t)$ 為 $m \times 1$ 的噪聲矢量，而 A 為 $m \times n$ 的混合矩陣，其各元素為混合系數 a_{ij}。

一般情況下，討論信號盲源分離時通常不考慮觀測噪聲，則 (3.25) 式可簡化為：

$$x(t) = As(t) \quad (3.26)$$

信號盲源分離就是指在源信號波形未知，且混合系數 a_{ij} 同樣未知的情況下，僅根據傳感器所接收到的混合信號 $x(t)$ 對源信號矢量 $s(t)$ 或混合矩陣 A 進行估計。

基於上述信號盲源分離的描述，ICA 的命題是，對任意 t，根據已知的 $x(t)$ 在 A 未知的條件下求解未知的 $s(t)$ [123]。這就構成了一個無噪聲的盲分離問題。ICA 的思路是設置一個解混矩陣 W（$W \in R^{n \times m}$），使得 x 經過 W 變換後得到 n 維的輸出列向量 $y(t)$，即：

$$y(t) = Wx(t) = WAs(t) \quad (3.27)$$

如果通過學習實現了 $WA = I$（I 為單位陣），那麼 $y(t) =$

s(t)，如此就達到分離源信號的目的。ICA 原理圖如圖 3.22 所示。

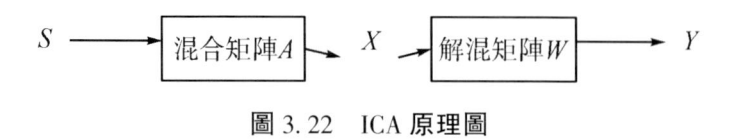

$$S \longrightarrow \boxed{\text{混合矩陣} A} \xrightarrow{X} \boxed{\text{解混矩陣} W} \longrightarrow Y$$

圖 3.22　ICA 原理圖

用 ICA 解決信號盲源分離問題，一般須作以下假設[30]：
（1）各源信號 $s_i(t)$ 統計獨立。
（2）各源信號 $s_i(t)$ 中至多允許有一個高斯分佈的信號源。
（3）源信號的混合方式是線性的。
（4）觀測信號數 $m \geq$ 源信號數 n。

ICA 理論及分離算法的關鍵在於如何度量分離結果的獨立性。ICA 方法的判別通常根據度量各分量之間獨立程度的判據不同，有信息最大化（info. max）方法、最大熵（ME）和最小互信息（MMI）方法、極大似然（ML）法及快速 ICA（FastICA）方法等。其中 FastICA 算法使用方便，程序編寫也比較成熟，應用較多。本節主要採用 FastICA 算法進行討論分析。

3.3.2.2　FastICA 算法

在對混合信號進行盲分離之前，通常都要進行一些預處理。常見的預處理過程有兩種，一種被稱為信號的零均值化；另一種則是白化，也被稱為「對中」。白化是信號盲源分離算法中最常用到的預處理方法。對於某一些盲分離算法，白化還是一個必需的預處理過程。

一般而言，所獲得的數據都具有相關性，白化處理能夠去除各觀測信號之間的相關性，簡化後續獨立分量的提取過程。再者，通常情況下，數據進行白化處理與不進行白化處理相比，算法的收斂性更好。

若一零均值的隨機向量 $Z = (Z_1, \cdots, Z_M)^T$ 滿足 $E\{ZZ^T\} = I$，

其中，I 為單位矩陣，我們稱這個向量為白化向量。白化的本質是去相關，這同主分量分析的目標是一樣的。在 ICA 中，對於為零均值的獨立源信號 $S(t) = [S_1(t)，\cdots，S_N(t)]^T$，有 $E\{S_iS_j\} = E\{S_i\}E\{S_j\} = 0$，當 $i \neq j$，且協方差矩陣是單位陣，$\text{cov}(S) = I$，因此，源信號 $S(t)$ 是白色的。對觀測信號 $X(t)$，我們應該尋找一個線性變換，使 $X(t)$ 投影到新的子空間後變成白化向量，即：

$$Z(t) = W_0 X(t) \tag{3.28}$$

其中，W_0 為白化矩陣，Z 為白化向量。

FastICA 算法是一種快速尋優迭代算法，有基於峭度、基於最大似然、基於最大負熵等形式。本節採用基於峭度的 FastICA 算法。該算法採用了定點迭代的優化算法，使得收斂更加快速、穩健[125]。

使用 FastICA 算法分離單個獨立分量時，首先進行白化處理，使 X 的相關矩陣 $E[XX^T] = 1$，即令 $X = BS$，其中 B 是混合矩陣，其列向量是正交的。再考慮用峭度（Kurtosis）作為對比函數，從而使得峭度達到最大化得 W（$W = B^T$）。其對比函數如下[126]：

$$w(k) = E[xW(k-1)^T x^3] - 3W(k-1) \tag{3.29}$$

其中，$w = W_i$（為 W 的一行），且 $\|W\| = 1$。

具體實現過程如下：

（1）初始化權值向量 $W(0)$，令 $\|W(0)\| = 1, k = 1$。

（2）迭代運算：$w(k) = E[xW(k-1)^T x^3] - 3W(k-1)$，$W - (b_j)$ 且 $\|W\| = 1$，b_j 為 B 的第 j 列，其中數學期望可以用 X 的大量樣本點的均值代替。

（3）將 $W(k)$ 標準化，即 $W(k)/\|W(k)\|$。

如果 $W(k)^T W(k-1)$ 不是足夠地接近1，那麼令 $k = k+1$，返回步驟（2），否則輸出向量 $W(k)$。算法最後給出的向量

$W(k)$ 意味著分離了混合信號 $x(k)$ 中的一個非高斯信號 $W(k)^T x(k)$，其中 $k = 1,2,3,\cdots$ 等於其中的一個源信號[127]。

對於多個獨立分量，可重複使用上述過程進行分離，但每提取出一個獨立分量後，要從觀測信號中減去這一獨立分量，如此重複，直到所有獨立分量完全分離。

3.3.3 利用 FastICA 增強心電信號

3.3.3.1 數據來源

本節借用一種基於 Matlab 的仿真器[128]作為源信號的模擬發生器，產生典型的 ECG 信號，以獲得研究所需要的數據。這裡選用的模擬器採用的原則是傅里葉級數。心電圖信號是心搏頻率的週期反應，它滿足狄利克雷條件[11]：

（1）在一週期內，如果存在間斷點，則間斷點的數目為有限個。

（2）在一週期內，極大值和極小值的數目為有限個。

（3）在一週期內，信號是絕對可積的。

而滿足狄利赫里條件的週期函數表示成的傅里葉級數都收斂。所以，傅里葉級數能夠用來代表 ECG 信號。表達式如下：

$$f(x) = (a_0/2) + \sum_{n=1}^{\infty} a_n \cos(n\pi x/l) + \sum_{n=1}^{\infty} b_n \sin(n\pi x/l)$$

$$a_0 = (1/l)\int_T f(x)dx, \quad T = 2l$$

$$a_n = (1/l)\int_T f(x)\cos(n\pi x/l)dx, \quad n = 1,2,3\cdots$$

$$b_n = (1/l)\int_T f(x)\sin(n\pi x/l)dx, \quad n = 1,2,3\cdots$$

典型的標量心電圖描記的導線如圖 3.23 所示，圖中的顯著特徵波形是 P、Q、R、S 和 T 波，每一波的持續時間和特定的時間間隔如 P-R、Q-T 和 S-T 間隔。

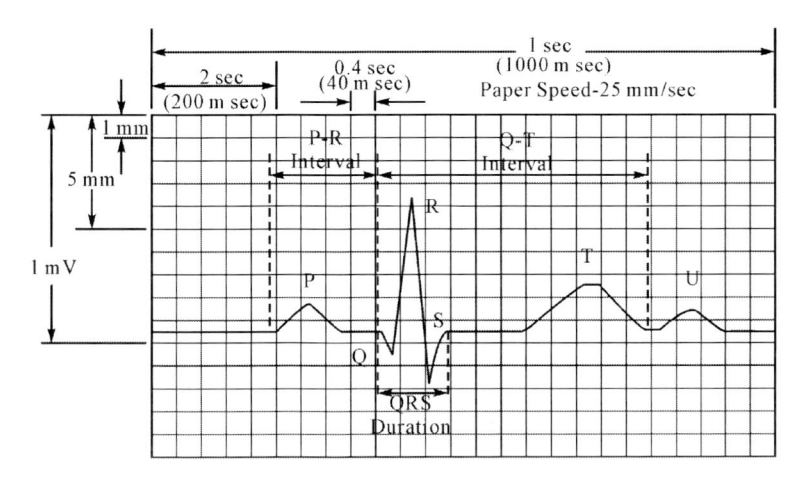

圖 3.23　典型的 ECG 訊號

3.3.3.2　數據仿真

採用上文提到的模擬器，產生 ECG 信號作為源信號，其中，一些默認值為：

＊心跳：72

＊振幅：

P 波：25 mv　　　　R 波：1.60 mv　　　　Q 波：0.025 mv

T 波：0.35 mv

＊持續時間：

P-R 間隔 0.16 秒　　S-T 間隔 0.18 秒　　P 間隔 0.09 秒

QRS 時間間隔 0.11 秒

生成的 ECG 波形圖如圖 3.24 所示，且得到的 ECG 信號用矩陣表示為 $s_1(t)$。

图 3.24　原始 ECG 讯号波形图

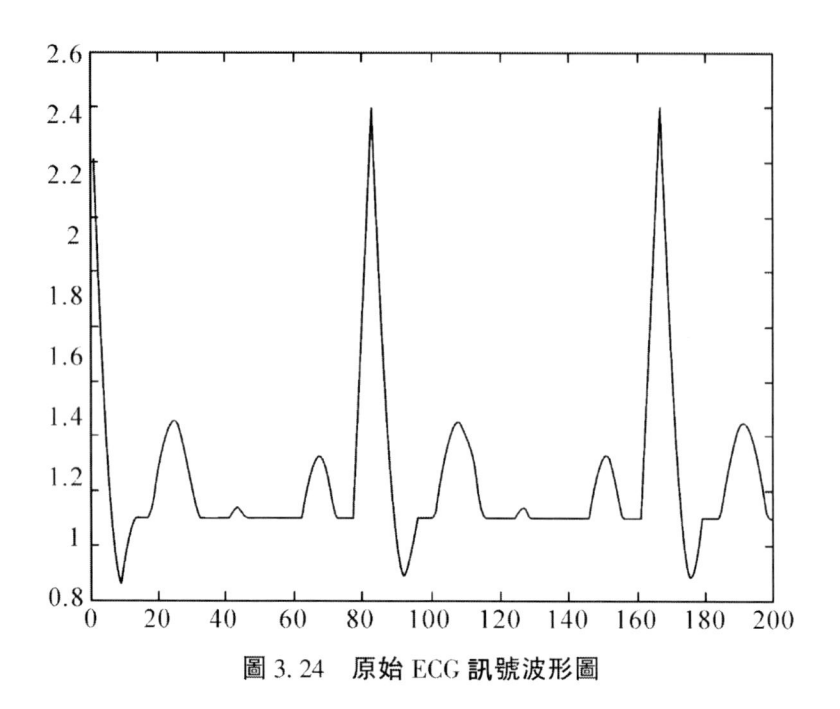

为了研究便利，避免噪声信号过多造成分析过程复杂，本研究假设噪声只有一种。工频干扰是由电力系统引起的一种心电信号中最常见的干扰源之一，可以说消除工频干扰是心电信号检测与处理过程中最经典的话题[130]。

工频干扰的数学模型可表示为：

$$s_2(t) = A\sin(2\pi ft) + c, \qquad t = 1,2,3,\cdots \qquad (3.30)$$

其中，A、f、t 分别为工频干扰的幅值、频率以及相位，c 为辅助常数。

根据实际情形，(3.30) 可写为：

$$s_2(t) = \sin(2\pi t) + 1, \qquad t = 1,2,3,\cdots \qquad (3.31)$$

所以，噪声信号是频率为 1Hz，幅值为 1 的正弦信号。用 Matlab 软件得到噪声信号如图 3.25 所示。

圖 3.25　原始噪聲訊號波形圖

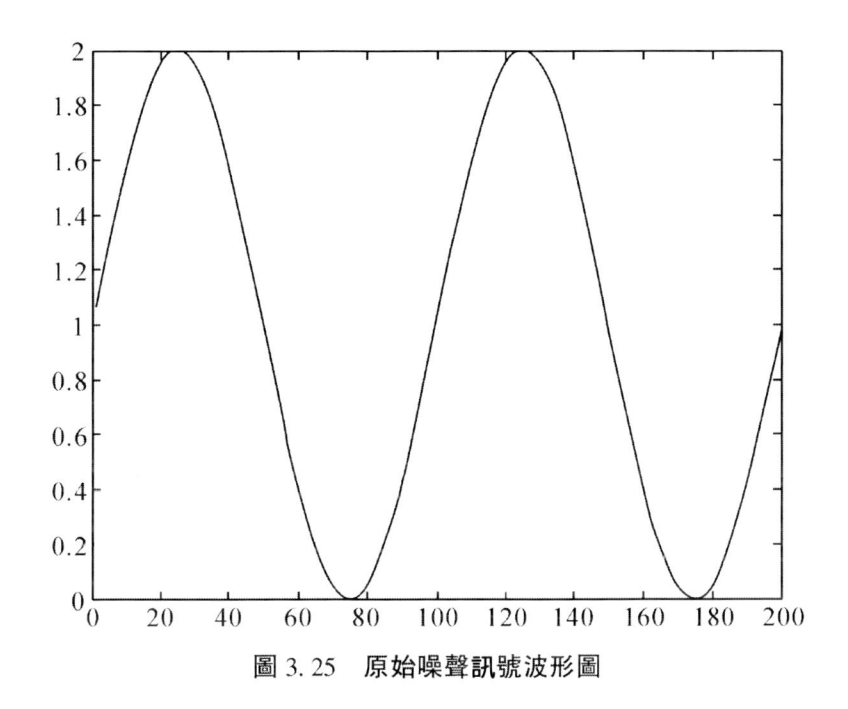

以上 2 個模擬信號源產生的 2 個信號源發出的信號 $S = [s_1(t), s_2(t)]^T$。由 Matlab 隨機生成 2×2 維線性傳遞矩陣 A（混合矩陣），$X = AS$ 為混合信號（觀測信號），作為 ICA 網絡的輸入，如圖 3.26 所示。

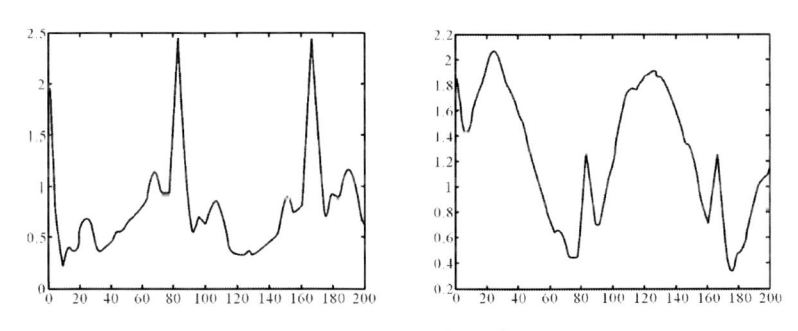

圖 3.26　混合訊號

需要說明的是，因為心電信號和工頻干擾信號可以被看作由不同的相對獨立的源產生的，那麼可以認為兩者之間是相互獨立的；本節設計的觀測信號的混合方式是線性的；嚴格地說心電信號及干擾信號均是非高斯信號，這樣就滿足了 ICA 的前 3 個假設。對於第 4 個假設，根據書中的假設也滿足。因此，可以利用 ICA 算法來分離源信號，消除工頻干擾。

3.3.3.3 FastICA 算法實現

根據§3.3.2 所闡述的 FastICA 算法理論，利用 Matlab 軟件編程，對已獲得的混合信號 $X(t)$ 進行去均值、白化處理，得到 $Z(t) = W_0 X(t)$ ，其中 W_0 為白化矩陣，$Z(t)$ 為白化向量。進一步將 $Z(t)$ 作為 ICA 的輸入，進行運算處理，分離出 $Y(t)$ ，分離出的信號如圖 3.27 所示。

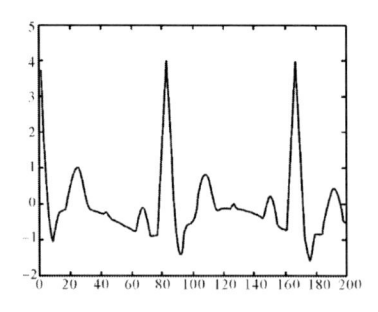

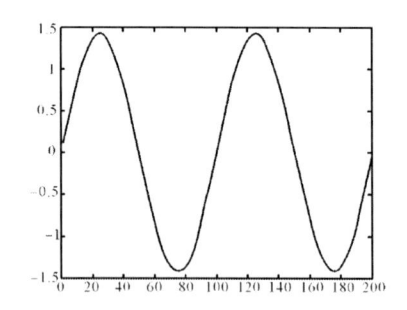

圖 3.27 盲源分離後的訊號圖像

從圖 3.27 可以明顯看出，ECG 信號和正弦噪聲信號均能從混合信號中很好地分離出來，這就說明 FastICA 在心電信號去噪（信號增強）中的可行性。分離信號與源信號的正負符號、幅值有所差別，通常把信號幅值的不確定性稱為 ICA 問題的不確定性[131]。

3.3.4 結果分析

將模擬的 ECG 信號（源信號）與分離出的 ECG 信號（圖 3.27 左）放到同一坐標系下進行對比，如圖 3.28 所示。

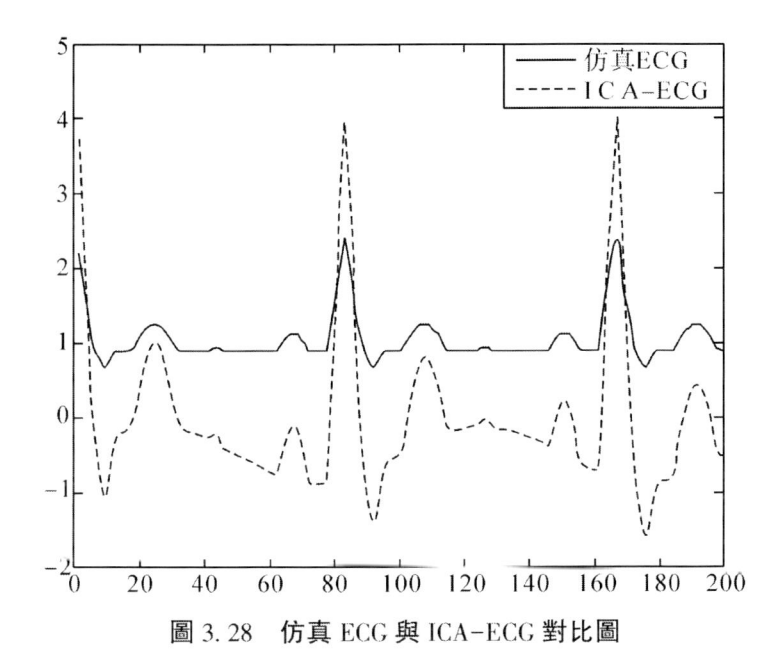

圖 3.28 仿真 ECG 與 ICA-ECG 對比圖

　　從對比圖 3.28 來看，經過獨立分量分析處理後得出的 ECG 信號波形與源信號 ECG 波形十分相似，這也印證了前面得出的「FastICA 算法在心電信號增強問題中是可行的」這一結論。

　　為了進一步說明 FastICA 算法的分離性能，接下來從相關係數這個方面來驗證。驗證結果如表 3.9 所示：

表 3.9　　　　源信號和分離訊號的相關係數

類別	I1	I2
相關係數	0.965,9	1.000,0

註：I1 表示分離後的 ECG 與仿真 ECG 的相關係數，I2 表示分離後的噪聲信號與原噪聲信號的相關係數。

　　從表 3.9 可以很直觀地看到，分離後的 ECG 信號與原 ECG 信號的相關係數達到了非常高的 0.965,9，可見分離效果相當理想。這進一步證明 FastICA 算法在生物醫療信號增強問題中的可行性和優越性。

4 現代數學方法在經濟序列數據處理中的應用

4.1 獨立分量分析在經濟時序數據降噪中的應用

4.1.1 研究背景

在經濟數據處理中,噪聲一般被認為是有害的,即它「污染」了真實信號。高信噪比的經濟數據,有利於經濟分析、建模和決策,但實際上我們所獲得的經濟數據往往含有大量的白噪聲。大部分情況下,噪聲都是加性的,對乘法性噪聲的處理通常較困難。加性噪聲的消除方法有很多種,其中,具有代表性和運用較多的方法是自適應濾波。

自適應濾波是近30年來發展起來的關於信號處理方法和技術的濾波器。其中非線性自適應濾波器具有較好的「自我調節」和「跟蹤」能力,但是計算複雜,實際應用較少。由威德羅(Widrow)和霍夫(Hoff)提出的最小均方算法(LMS, Least mean square),由於其計算量小、易於實現而在實踐中應用較為廣泛。LMS算法的基本迭代公式為:

$$\begin{cases} e(t) = d(t) - X^T(t)W(t) \\ W(t+1) = W(t) + 2ue(t)X(t) \end{cases} \quad (4.1)$$

其中 $W(t)$ 是自適應濾波器在時刻 t 的權矢量, $X(t)$ 是時刻 t 的輸入信號, $d(t)$ 為期望輸出, $e(t)$ 為誤差信號, u 是步長因子。

步長因子 u 直接影響算法的收斂速度和跟蹤速度, 甚至如果 u 選擇不合適, 還會導致算法不收斂, 如圖 4.1 所示。其中 (a) 是真實信號 (期望輸出); (b) 為帶高斯白噪聲的帶噪信號; (c) 為 $u = 0.000,01$ 時自適應濾波輸出結果, 此時算法收斂, 具有較好的濾波效果; (d) 為 $u = 0.3$ 時自適應濾波輸出結果, 此時算法發散。

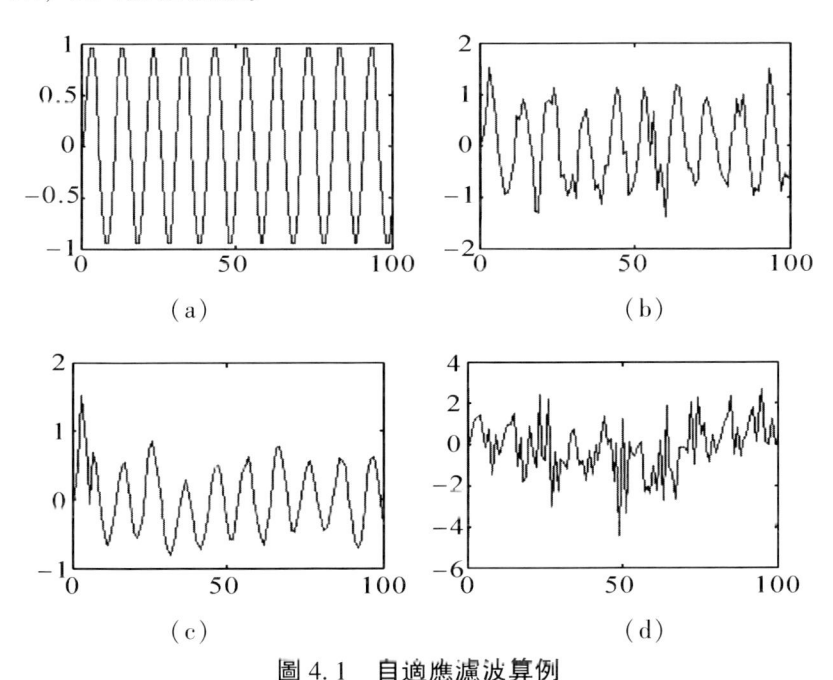

圖 4.1 自適應濾波算例

由於自適應濾波的這種不確定性結果, 本節構造出一種基於獨立分量分析的噪聲分離方法, 並對該方法進行仿真試驗和實證分析。

4.1.2 基於 ICA 噪聲消除技術

獨立分量分析是一種新穎的多元統計分析方法, 是指從若干觀測到的多個信號的混合信號中恢復出無法直接觀測到的獨立原始信號的方法。通常，觀測信號來自一組傳感器的輸出，其中每一個傳感器接收到多個原始信號的一組混合，其處理的一般模型為：

$$X(t) = AS(t) \tag{4.2}$$

其中，$X(t) = [x_1(t), x_2(t), \cdots, x_m(t)]^T$ 是 $m \times 1$ 的混合向量，$S(t) = [s_1(t), s_2(t), \cdots, s_n(t)]^T$ 是 $n \times 1$ 的原始信號列向量，矩陣 A 為 $m \times n$ 的列滿秩混合矩陣。在假設各源分量統計獨立前提下，尋找分離矩陣 W，使得 $Y(t) = \hat{S}(t) = WX(t)$，從而獲得源信號的估計。

應用 ICA 處理實際問題時，通常觀察信號中帶有大量噪聲信號，因此其模型可擴展為：

$$X(t) = AS(t) + N(t) \tag{4.3}$$

$N(t) = [n_1(t), n_2(t), \cdots, n_m(t)]^T$ 為 $m \times 1$ 的噪聲向量。

目前，已經形成許多較為成熟的 ICA 算法，如成對數據旋轉法及極大峰度法，特徵矩陣的聯合近似對角化法，串行更新的自適應算法等。而其中以 JADE 法較具代表性，其首先白化觀測信號，即：

$$\begin{aligned} Z(t) &\stackrel{def}{=} WX(t) = W[AS(t) + N(t)] \\ &= US(t) + WN(t) \end{aligned} \tag{4.4}$$

式中，W 為白化矩陣，從而將一個 $m \times n$ 矩陣 A 的確定問題轉化為一個 $n \times n$ 酉矩陣 U 的確定問題。U 的估計有賴於高階累積量（一般為四階），對任意 $n \times n$ 矩陣 M，其四階累積量矩陣定義為：

$$N = Q_z(M) \stackrel{def}{\Leftrightarrow} n_{ij} = \sum_{k, l=1}^{n} Cum(z_i, z_j^*, z_k, z_l^*) m_{lk}, \ 1 \leqslant i, j \leqslant n \tag{4.5}$$

通過參照函數的最大化，實現累積量矩陣集合 $\hat{N}^e = \{\hat{\lambda}_r \hat{M}_r \mid 1 \leqslant r \leqslant n\}$ 聯合近似對角化，從而求得酉矩陣 U。

$$c(V, N) \stackrel{def}{=} \sum_{r=1}^{s} |diag(V^T N_r V)|^2 \qquad (4.6)$$

理論上，高斯信號的高階累積量為 0。因此基於式（4.3）的帶噪模型 BSS 算法可有效抑制外加高斯噪聲，從而為 ICA 應用於降噪處理提供了理論依據。

當式（4.3）中矩陣 A 退化為 1 時，此時輸出信號為一維加噪觀測信號。由於 ICA 為一種多元統計方法，其處理對象一般為多維觀測向量，當處理一維加噪觀測時，必須引入適當的虛擬觀測，從而將一維觀測擴展為多維觀測。

考慮 P 種外加噪聲的情形，此時 $N(t) = \sum_{i=1}^{P} a_i n_i(t)$，帶噪觀測可表示為 $X_1(t) = S(t) + N(t) = S(t) + \sum_{i=1}^{P} a_i n_i(t)$。若引入虛擬觀測向量 $X_{virtual} = [x_2, x_3, \cdots, x_{P+1}]^T = [n_1(t), n_2(t), \cdots, n_P(t)]^T$，則（4.3）可寫為：

$$X = AS \Rightarrow X = \begin{bmatrix} x_1 \\ x_2 \\ \vdots \\ x_{P+1} \end{bmatrix} = \begin{bmatrix} s + \sum_{i=1}^{P} a_i n_i \\ n_1 \\ \vdots \\ n_P \end{bmatrix}$$

$$= \begin{bmatrix} 1 & a_1 & a_2 & \cdots & a_P \\ 0 & 1 & 0 & \cdots & 0 \\ 0 & 0 & 1 & \cdots & 0 \\ \vdots & \vdots & \vdots & & \vdots \\ 0 & 0 & 0 & \cdots & 1 \end{bmatrix} \begin{bmatrix} s \\ n_1 \\ n_2 \\ \vdots \\ n_P \end{bmatrix} = BS \qquad (4.7)$$

（4.7）式意味著，將噪聲 $n(t)$ 中各噪聲成分引入待處理的一維加噪觀測 X_1 中，ICA 可以通過對虛擬列滿秩混合矩陣 B 的辨識，恢復虛擬源 S，從而實現信號的降噪。當然，實際應用中虛擬觀測 X_{virtal} 的選取，必須考慮信號或去噪過程中干擾噪聲的性質與種類。基於 ICA 一維觀測信號降噪過程如圖 4.2 所示。

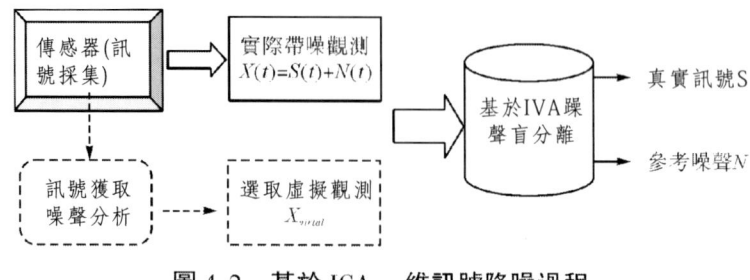

圖 4.2　基於 ICA 一維訊號降噪過程

4.1.3　仿真與實證分析

4.1.3.1　仿真試驗

利用 §4.1.2 中的方法對前面的實例進行仿真試驗，試驗結果如圖 4.3 所示，其中（a）是分離出的真實信號，（b）是分離出的噪聲信號。從圖中可以看出，利用 ICA 對噪聲進行分離具有明顯好於自適應濾波的效果，而且不受其他因素的影響。

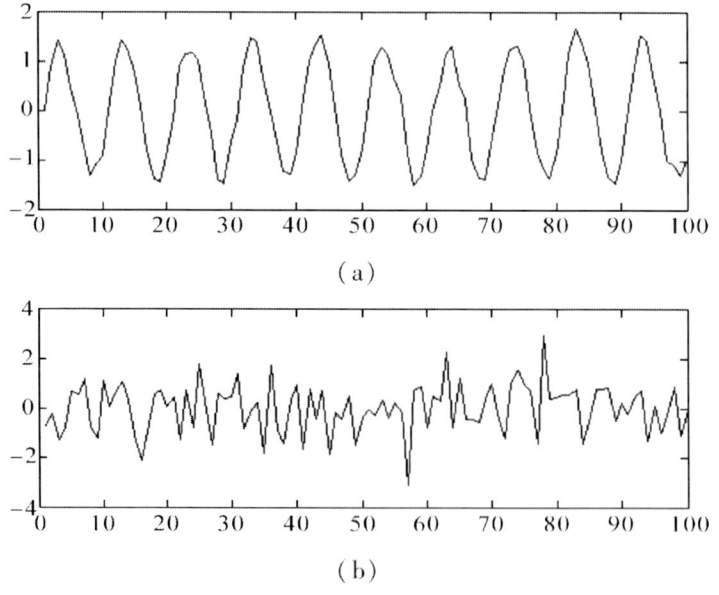

(a)

(b)

圖 4.3　基於 ICA 降噪分析

4.1.3.2 實證分析

為了進一步說明該方法對經濟時序數據降噪分析的有效性，本節選取中證指數（中證香港 100 全收益指數收盤價，中證香港 100 指數歷史行情、匯率信息）的歷史數據作為分析對象，數據來自互聯網。分析結果如圖 4.4、圖 4.5、圖 4.6 所示。從分析結果可以看出，降噪後的數據不僅去掉了時序數據中的噪聲信息，而且保持了與原始數據的整體趨勢。

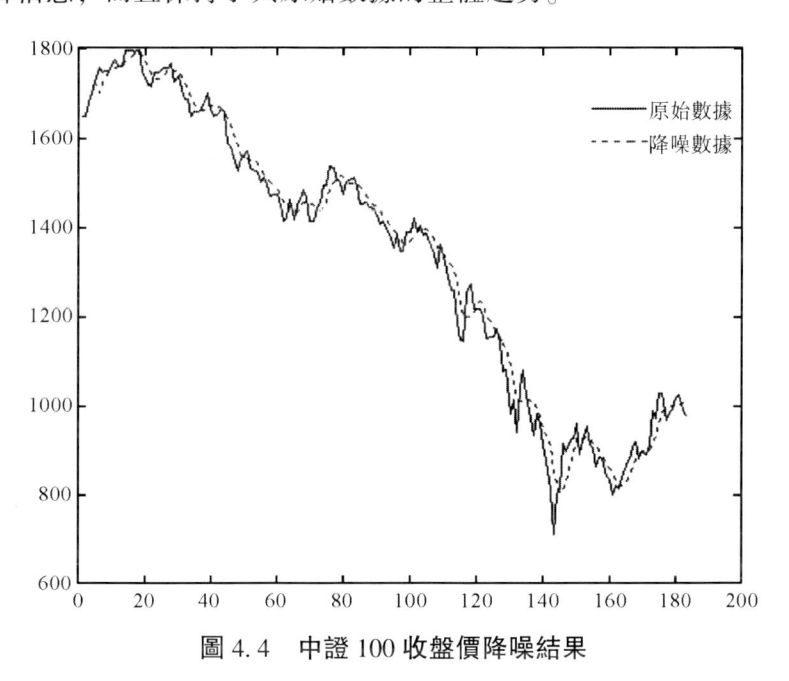

圖 4.4 中證 100 收盤價降噪結果

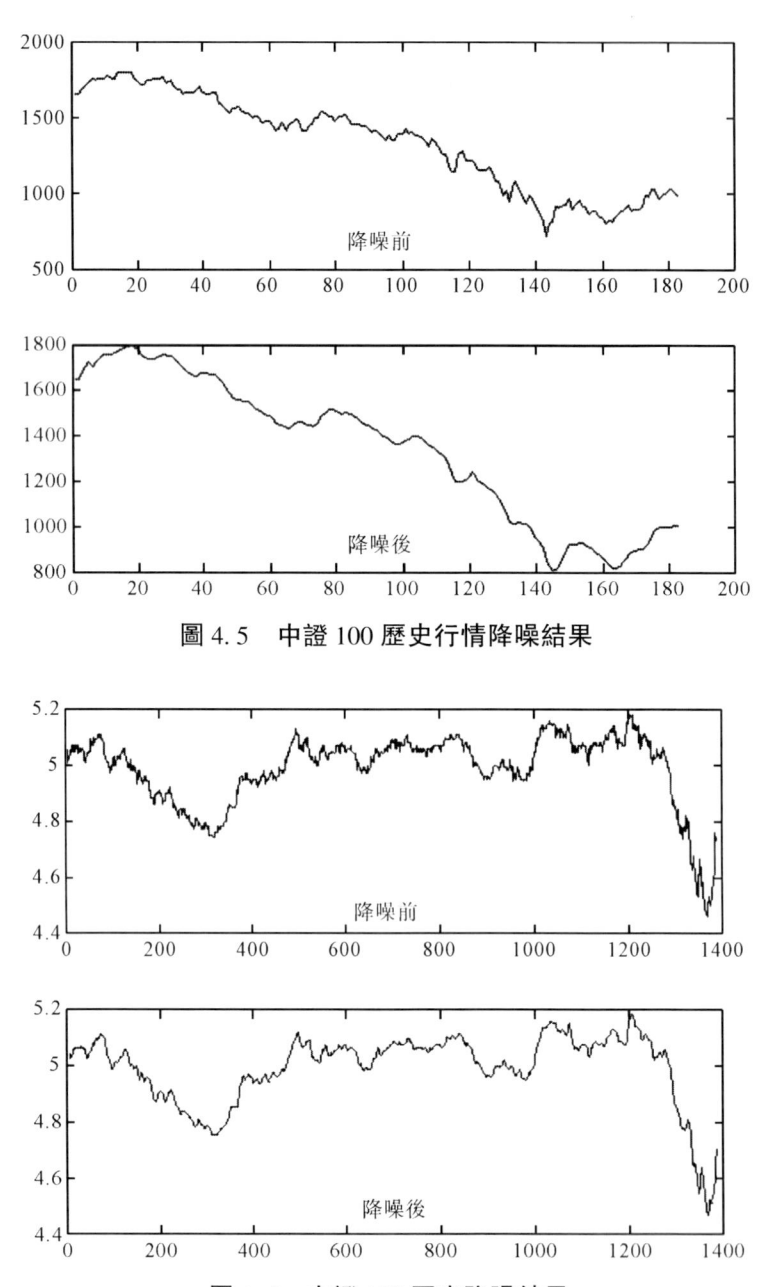

圖 4.5　中證 100 歷史行情降噪結果

圖 4.6　中證 100 匯率降噪結果

4.1.4　結論與討論

本研究構建一種基於 ICA 經濟時序數據的降噪新方法，與傳統的自適應濾波相比，具有較多的優勢：一方面，不僅容易實現，而且不需要定位要處理的信號的特徵頻段，同時不需要大量的觀測樣本，結果保留了整個信號變化的趨勢特徵；另一方面，本研究所處理的是加性噪聲，若是對於較難處理的乘法性噪聲 $X(t) = S(t)N(t)$ 的消除問題，可以首先進行指數變換 $\lg(X(t)) = \lg(S(t)) + \lg(N(t))$，轉化成加性噪聲處理問題，也可以採用非線性 ICA 方法來解決。另外，本研究是經濟系統非線性模型反演的前一部分，為其提供了高信噪比的時序數據。

4.2　灰色系統在震後農民增收分析中的應用

4.2.1　研究背景

四川是一個農業大省。農業問題一直是中國最大的現實問題之一，黨和國家一直關注著「三農問題」。由於 5·12 地震，四川地區的農業發展受到了巨大影響，農民的收入也遭受了嚴重損失。因此，非常有必要對震後四川農民的收入進行一個科學的評估，以使為有關部門決策提供科學的依據。本節採用灰色系統理論法就 5·12 地震對四川農民收入的影響進行定量的評估分析。

4.2.2　數據收集與整理

為了研究地震對四川災區農民收入的影響，本研究收集了四川省 2000—2007 年農民平均收入及其主要組成部分，並對這些數據進行整理，結果如表 4.1 所示。

表 4.1　　2000—2007 年四川農民平均收入及組成　　　單位：元

年份(年)	人均總平均收入	工資性收入	家庭經營收入	其他收入
2000	1,915.00	597.16	1,023.96	239.88
2001	1,987.00	651.79	1,231.99	103.22
2002	2,107.60	711.38	1,296.53	99.69
2003	2,229.86	765.76	1,347.90	116.20
2004	2,352.80	827.72	1,384.39	140.69
2005	2,550.30	917.34	1,471.78	161.18
2006	2,802.80	1,032.55	1,553.60	216.65
2007	3,011.70	1,139.93	1,616.80	254.97

註：以上數據主要根據抽樣調查及媒體公開報導的結果整理而成。

根據表 4.1 的數據，我們繪出了農民各項收入增長趨勢圖（圖 4.7）。

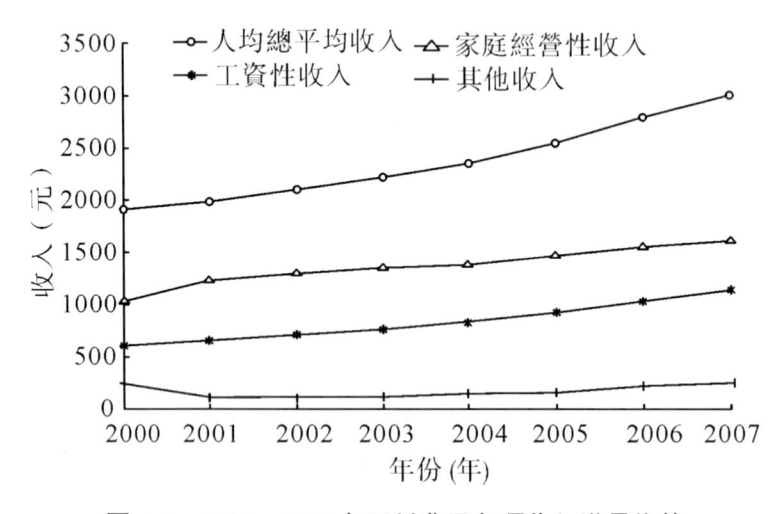

圖 4.7　2000—2007 年四川農民各項收入增長趨勢

由圖 4.7 可得出以下結論：

（1）2000—2007 年，四川省農民總平均收入呈逐年增長趨勢，收入的各個組成部分總體來看也呈逐年增長趨勢。

（2）農民收入的主要組成部分為家庭經營收入和工資性收入。

為了進一步定量說明總收入和各個組成部分的增長情況，我們對各年總收入和各組成部分的導數（增長率）進行分析。由於時間變量是離散的，並且難以確定具體的增長函數，因此該研究主要採用差分方法來計算其近似值；由於收入呈逐年增長趨勢，因此採用前插公式，即：

$$f'(t_k) \approx \frac{f(t_{k+1}) - f(t_k)}{t_{k+1} - t_k}, \quad k = 2001, 2002, \cdots, 2007 \quad (4.8)$$

經計算得到四川省農民各年總平均收入和各部分收入的增長率變化趨勢（圖 4.8）。由圖 4.8 可知，四川省農民總收入增長率和工資性收入增長率均呈上升趨勢，並且工資性收入的增長率從 2003 年以後一直高於家庭經營收入的增長率。這說明工資性收入在總收入中所占的比重將越來越大，其主要是由於近年來越來越多的農民外出務工所致。

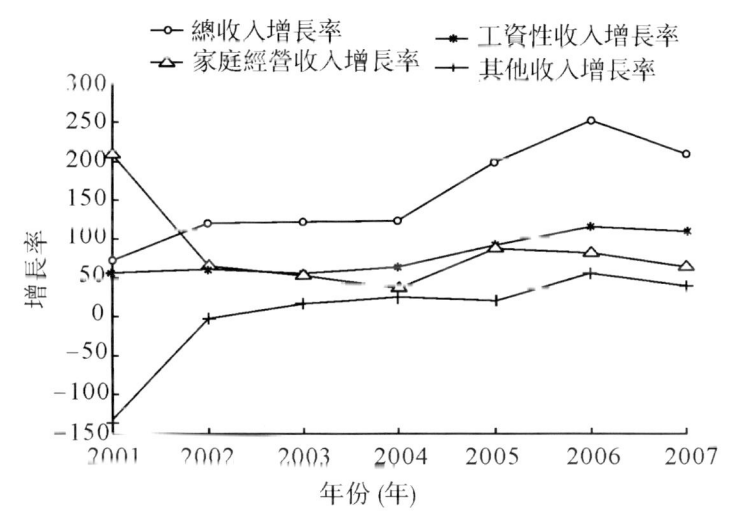

圖 4.8　2000—2007 年四川農民各項收入增長率

根據上述分析，可以得出以下結論：四川省農民的收入來源主要由兩部分組成（工資性收入和家庭經營收入），並且工資性收入所占比重越來越大。基於此，本研究主要對震後農民總平均收入、工資性收入、家庭經營收入作詳細的評估分析。

4.2.3 GM（1，1）時序預測模型的建立

對於2000—2007年各項收入數據，建立GM（1，1）模型的步驟大致可以概括為：

（1）確定子數據序列，該序列可以是總平均收入，也可以是部分收入，即：

$$X_i^{(0)} = [X^{(0)}(1), X^{(0)}(2), \cdots, X^{(0)}(n)] \quad (4.9)$$

（2）對子數據序列做一次累加生成，記為 $\{X_i^{(0)}\} \to \{X_i^{(1)}\}$，即：

$$X_i^{(1)} = [X^{(1)}(1), X^{(1)}(2), \cdots, X^{(1)}(n)] \quad (4.10)$$

其中，$X^{(1)}(t) = \sum_{k=1}^{t} X^{(0)}(k)$。

（3）構造矩陣 B 與向量 Y_n，其中：

$$B = \begin{bmatrix} -\frac{1}{2}[X^{(1)}(2) + X^{(1)}(1)] & 1 \\ -\frac{1}{2}[X^{(1)}(3) + X^{(1)}(2)] & 1 \\ \vdots & \vdots \\ -\frac{1}{2}[X^{(1)}(n) + X^{(1)}(n-1)] & 1 \end{bmatrix} \quad (4.11)$$

$$Y_n = [X^{(1)}(2), X^{(1)}(3), \cdots, X^{(1)}(n)]^T \quad (4.12)$$

（4）用最小二乘法求解系數：

$$\hat{a} = (B^T B)^{-1} B^T Y_n = (a, u) \quad (4.13)$$

（5）建立 GM(1,1) 模型：$\hat{X}(k+1) = \left(X^{(0)}(1) - \frac{u}{a}\right)e^{-ak}$

$+\dfrac{u}{a}$。

（6）將 $\hat{X}^{(1)}$ 還原：

$$\hat{X}^{(0)}(k) = \hat{X}^{(1)}(k+1) - \hat{X}^{(1)}(k) \qquad (4.13)$$

（7）模型檢驗：主要採用相對誤差檢驗，即：

$$\varepsilon^{(0)} = X^{(0)} - \hat{X}^{(0)}$$
$$E^{(0)} = \dfrac{\varepsilon^{(0)}}{X^{(0)}} \times 100\% \qquad (4.14)$$

根據檢驗精度，可以估計模型的精度等級。當相對誤差小於1%時，模型優良；小於5%時，合格；小於10%時，勉強合格；大於20%時，不合格。

4.2.4 震後農民收入評估

4.2.4.1 2008年農民收入預測

根據上述所建立的農民收入時間序列預測模型，可以預測2008年震後農民總人均收入及各項組成部分的收入情況，預測結果及誤差分析如表4.2所示。由表4.2可知，利用模型對總收入進行預測，其絕對誤差基本上小於2%；對工資性收入進行預測，其絕對誤差基本上小於2%；對家庭經營收入進行預測，其絕對誤差基本上小於1%；對其他收入的預測誤差較大，但是也基本上小於5%。因此我們可以得出結論，用該模型來預測農民收入，其精度是比較高的，可以用其來評估震後四川農民收入情況。

分別用該模型對四川省農民2008年總平均收入、工資性收入、家庭經營收入及其他收入進行預測（表4.2），結果表明：

（1）在正常情況下（不發生較大自然災害或其他災難），2008年四川省農民的總平均收入可以達到3,200元以上，比2007年增長220元，漲幅達7.38%。

（2）工資性收入可以達到 1,239 元，比 2007 年增長 113 元，漲幅達 10.04%，占總增長的 51.36%。

（3）家庭經營收入基本保持穩步增長，比 2007 年增長 75 元，漲幅為 6.44%，略有下降，但是符合整體增長趨勢。

（4）其他收入也基本上呈穩步增長趨勢。

表 4.2　　　　　　　　預測及誤差分析　　　　　　單位：元

年份（年）	總收入實際值	總收入預測值	誤差	工資性收入實際值	工資性收入預測值	誤差
2001	1,987.00	1,944.80	2.12	651.79	636.76	-2.31
2002	2,107.6	2,088.40	-0.91	711.38	700.29	-1.56
2003	2,229.86	2,422.60	0.57	765.76	770.15	0.57
2004	2,352.80	2,408.10	2.35	827.72	846.99	2.33
2005	2,550.30	2,585.80	1.39	917.34	931.48	1.54
2006	2,802.80	2,776.70	-0.93	1,032.55	1,024.40	-0.97
2007	3,011.70	2,981.70	-1.00	1,139.93	1,126.60	-1.17
2008	-	3,201.80	-	-	1,239.00	-
年份（年）	家庭經營收入實際值	家庭經營收入預測值	誤差	其他收入實際值	其他收入預測值	誤差
2001	1,231.99	1,229.00	-0.24	103.22	84.04	18.58
2002	1,296.53	1,286.10	-0.80	99.69	100.60	0.91
2003	1,347.90	1,346.00	-0.14	116.20	120.42	3.63
2004	1,384.39	1,408.60	1.75	140.69	144.14	2.45
2005	1,471.78	1,474.10	0.16	161.18	172.53	7.04
2006	1,553.60	1,542.60	-0.71	216.65	206.52	-4.68
2007	1,616.80	1,614.40	-0.15	254.97	247.20	-3.05
2008	-	1,689.50	-	-	259.90	-

4.2.4.2 地震對農民收入影響評估

根據§4.2.4.1的分析，預測結果基本符合不發生較大自然災害的實際情況。但是由於5·12大地震對四川省農民的收入造成了巨大的影響，因此筆者根據媒體公開的2008年1~3季度四川省農民收入的基本數據，將其折算成2008年全年收入數據，然後對比預測數據來進行評估。

由表4.3可知，地震對四川農民的收入造成了巨大的影響，總人均收入減少1,183.40元，減幅達到36.96%，而影響最大的是工資性收入和家庭經營收入。其中，工資性收入減少341.69元，減幅27.58%，家庭經營收入減少546元，減幅32.32%。按照四川省農業人口數為5,017萬來計算，因地震使農民的收入減少達798.00億元，工資性收入減少230.64億元，家庭經營收入減少368.55億元。分析其原因，主要有以下幾點：

（1）由於地震對城市的破壞，造成城市中有大量農民工聚集的建築業和餐飲業等行業在地震後的幾個月內基本上處於癱瘓狀態，農民工的崗位大量減少，出現大量失業的局面，從而大大減少了農民的收入；由於地震的長期影響，震後四五個月後這些行業才慢慢開始復甦，但就業崗位數量還是遠不如震前多。

（2）地震造成大量山體滑坡、農田（作物）損壞等，從而造成農作物減產、歉收，甚至是無收。這給農民的家庭經營收入造成巨大的影響。

（3）地震造成大量的房屋倒塌和人員傷亡，致使農民將外出打工或在家致富的注意力轉移，儘管只是短暫性的，但是還是對經濟收入造成較大影響。

（4）其他收入反而增多，這是由於政府對農民的補助和減免政策所致。

表 4.3　　　　　地震對四川農民收入影響評估　　　　單位：元

收入結構	2008 年 1 季度	2008 年 1~3 季度	2008 年全年（折算後）	2008 年預測值	損失
總平均收入	1,046.70	1,856.90	2,108.40	3,201.80	1,183.40
工資性收入	400.78	610.73	897.31	1,239.00	341.69
家庭經營收入	540.62	958.35	1,143.50	1,689.50	546.00
其他收入	105.30	287.82	358.40	259.90	-98.50

4.2.5　結論與討論

根據上面的分析發現，地震災害給四川受災農民的收入造成了巨大的影響，人均收入減少 1,183.40 元，減幅達到 36.96%，而影響最大的是工資性收入和家庭經營收入。其中，工資性收入減少 341.69 元，減幅 27.58%，家庭經營收入減少 546 元，減幅 32.32%。基於此，本書給出以下建議和意見：

（1）由扶貧辦組織人員到災區調查，開展災情和需求情況評估工作。

（2）由災後恢復重建局制定災後恢復重建的方針、原則，具體指導災後工作。

（3）政府根據災民受損情況分階段進行資助，保證救災資金合理有效地應用於災後重建。

（4）盡快恢復農業生產，提高農、林作物產量。

（5）盡快恢復災區城鄉正常工作秩序，以便為農民工提供更多的就業機會。

4.3　系統聚類法在股票分析中的應用

4.3.1　研究背景

　　股票是一種有價證券，是證券市場重要的交易對象之一。股票市場在經濟方面的作用是非常巨大的。中國股市的迅速發展壯大是有目共睹的，但是同時我們也意識到股票市場的不利影響。政治、經濟等多方面的因素很容易造成股票市場的劇烈波動。股票市場的風險性是客觀存在的，這種風險性既能給投資者造成經濟損失，也可能對股份制企業以及國家的經濟建設產生一定的副作用。而且很多投資者只注重眼前利益，忽略了長遠投資，缺乏理性的投資態度，造成嚴重的投機現象，隨之帶來經濟損失。我們必須正視這些問題。

　　聚類分析就是依據研究對象（樣品或指標）的特徵，對其進行分類的方法，目的是減少研究對象的數目，將性質相近的事物歸入一類[141]。近年來聚類分析得到了迅速的發展，被廣泛應用在多個領域。聚類分析是建立在基礎分析之上的，立足於對股票基本層面的量化分析，彌補了基礎分析對影響股票價格因素大多是定性分析的不足。作為理性的長期投資的參考依據，其目的在於從股票基本特徵決定的內在價值中發掘股票真正的投資價值。聚類分析操作性強，得出的結果直觀、實用，適合廣大投資者使用。

　　本研究就是對收集到的萬科 A 等 31 家上市公司股票的每股收益、每股淨資產、淨利潤、每股資本公積金、每股未分配利潤、淨資產收益率、淨利潤增長率、資產負債比率、總資產週轉率、主營業務收入增長率這十個指標進行聚類分析，採用的是系統聚類的方法，從最終得出的樹形圖和冰柱圖中分析得到這 31 家公司的分類情況。

4.3.2 算法原理

系統聚類的基本思想是，距離相近的樣品（或變量）先聚成類，距離相遠的後聚成類，過程一直進行下去，每個樣品（或變量）總能聚到合適的類中[141]。

在進行系統聚類之前，我們首先要定義類間距離。不同的類間距離對應不同的系統聚類方法，而系統聚類方法有最短距離法、最長距離法、中間距離法、重心法、類平均法、可變類平均法、可變法和離差平方和法 8 種。

最短距離法定義的類間距離為兩類最近樣品的距離；最長距離法定義的類間距離為兩類最遠樣品的距離；中間距離法定義的類間距離為介於最遠和最近之間的樣品距離；重心法定義的類間距離為兩類樣品重心的距離；類平均法定義的類間距離平方為這兩類樣品兩兩之間距離平方的平均數；可變類平均法是對類平均法的改進，反應出了樣品之間的距離；可變法與可變類平均法的區別在於 β 選擇的不同；在離差平方和法中，如果分類正確，同類樣品的離差平方和應當較小，類與類的離差平方和較大[153]。

這 8 種系統聚類法的區別在於距離的遞推公式不同。蘭斯和威廉姆斯於 1967 年給出了一個統一的公式：

$$D_{kr}^2 = \alpha_p D_{kp}^2 + \alpha_q D_{kq}^2 + \beta D_{pq}^2 + \gamma | D_{kp}^2 - D_{kq}^2 | \quad (4.15)$$

其中，α_p、α_q、β、γ 是參數。不同的系統聚類法，它們取不同的數，如表 4.4 所示。

表 4.4 系統聚類法

方法	α_p	α_q	β	γ
最短距離法	1/2	1/2	0	-1/2
最長距離法	1/2	1/2	0	1/2
中間距離法	1/2	1/2	-1/4	0
重心法	n_p/n_r	n_q/n_r	$\alpha_p\alpha_q$	0
類平均法	n_p/n_r	n_q/n_r	0	0
可變類平均法	$(1-\beta)n_p/n_r$	$(1-\beta)n_q/n_r$	$\beta(<1)$	0
可變法	$(1-\beta)/2$	$(1-\beta)/2$	$\beta(<1)$	0
離差平方和法	$(n_p+n_k)/(n_r+n_k)$	$(n_q+n_k)/(n_r+n_k)$	$-n_k/(n_k+n_r)$	0

4.3.3 數據預處理

本節所有數據皆來源於中投證券網上交易系統所統計的各只股票在 2011 年 09 月 30 日的數據。

我們隨機選取了 31 家各行業上市公司的股票，並對每只股票選取每股收益、每股淨資產、淨利潤、每股資本公積金、每股未分配利潤、淨資產收益率、淨利潤增長率、資產負債比率、總資產週轉率、主營業務收入增長率 10 個數據作為分析指標，數據如表 4.5 所示。

表 4.5 股票原始數據

單位：元

代碼	股票名稱	每股收益	每股淨資產	淨利潤	每股資本公積金	每股未分配利潤	淨資產收益率（%）	淨利潤增長率（%）	資產負債比率（%）	總資產週轉率（%）	主營業務收入增長率（%）
000002	萬科A	0.326, 0	4.270, 0	358,391.02	0.803, 4	1.451, 1	7.642, 3	9.53	78.97	0.12	30.95
000534	萬澤股份	-0.073, 1	2.090, 0	-1,865.26	0.550, 8	0.328, 2	-3.499, 3	-40.82	54.23	0.09	-13.10
000726	魯泰A	0.720, 0	4.900, 0	71,665.98	1.183, 4	2.302, 2	14.482, 9	24.97	29.70	0.61	23.53
600884	杉杉股份	0.245, 0	7.130, 0	10,072.98	3.978, 1	1.899, 1	3.438, 8	25.57	51.42	0.30	6.78
000629	攀鋼釩鈦	0.001, 2	2.680, 0	682.09	1.562, 8	-0.110, 5	0.044, 5	-99.01	75.07	0.59	16.80
000876	新希望	1.030, 0	5.700, 0	85,996.07	1.551, 6	2.877, 5	18.125, 8	108.26	44.18	0.71	31.90
002216	三全食品	0.480, 0	7.770, 0	9,039.14	4.198, 8	2.454, 3	5.787, 5	38.52	35.04	0.87	40.81
002341	新綸科技	0.402, 0	4.410, 0	5,888.48	2.300, 9	1.010, 5	9.125, 8	70.92	49.97	0.55	70.22
600734	實達集團	0.117, 5	0.477, 0	4,131.00	0.711, 1	-1.464, 1	24.635, 6	180.50	79.97	0.48	103.90
600517	置信電氣	0.220, 0	1.940, 0	13,382.43	0.129, 4	0.649, 6	11.176, 2	-44.17	31.17	0.50	-12.81
601318	中國平安	1.880, 0	15.300, 0	1,451,900	8.520, 4	4.833, 5	11.986, 1	13.82	92.69	0.11	34.07
600167	聯美控股	0.206, 7	2.910, 0	4,362.12	1.170, 7	0.742, 6	7.096, 1	17.99	61.18	0.14	27.47
002409	雅克科技	0.533, 0	10.084, 3	5,909.60	7.277, 1	1.677, 2	5.285, 2	0.96	12.45	0.60	13.50
000729	燕京啤酒	0.648, 0	7.200, 0	78,422.62	3.219, 3	2.257, 4	8.996, 5	10.21	40.63	0.68	15.82
601939	建設銀行	0.560, 0	3.120, 0	13,901,200	0.540, 6	1.103, 3	17.970, 8	25.80	93.38	0.03	26.12

表4.5（續）

代碼	股票名稱	每股收益	每股淨資產	淨利潤	每股資本公積金	每股未分配利潤	淨資產收益率（%）	淨利潤增長率（%）	資產負債比率（%）	總資產週轉率（%）	主營業務收入增長率（%）
600050	中國聯通	0.066,3	3.360,0	145,582.36	1.292,8	1.038,3	1.972,5	0.42	52.10	0.36	23.58
600839	四川長虹	0.059,4	2.830,0	27,436.28	0.820,9	0.286,5	2.098,7	192.39	65.90	0.75	23.40
600519	貴州茅臺	6.330,0	21.960,0	1,656,908.50	51.324,4	17.508,6	28.815,4	57.37	29.82	0.47	46.25
000898	鞍鋼股份	0.033,0	7.350,0	23,930.00	4.352,4	1.496,4	0.449,5	-90.70	47.23	0.67	2.61
600085	同仁堂	0.255,0	2.620,0	34,527.90	0.207,2	1.197,4	10.122,7	25.49	29.08	0.63	26.48
000568	瀘州老窖	1.440,0	4.480,0	200,771.76	0.412,0	2.407,5	32.164,4	27.02	33.54	0.64	49.49
000718	蘇寧環球	0.380,1	2.020,0	77,669.60	0.063,6	0.871,1	18.795,7	20.09	74.03	0.18	2.25
000521	美菱電器	0.205,9	4.430,0	13,101.70	2.530,4	0.463,7	4.643,3	-55.99	62.86	1.00	7.89
000813	天山紡織	-0.320,3	1.110,0	-713.20	1.439,4	-1.447,6	-1.762,4	-226.86	38.67	0.33	3.91
600718	東軟集團	0.190,0	3.670,0	25,933.25	0.295,7	1.964,1	5.305,9	-14.64	30.56	0.53	19.16
601857	中國石油	0.570,0	5.340,0	10,343,700	0.631,9	2.920,5	10.574,6	3.53	43.38	0.84	41.48
000931	中關村	0.067,9	1.088,8	4,580.19	1.350,5	-1.384,7	6.234,6	73.58	78.14	0.53	23.41
600246	萬通地產	0.055,0	2.510,0	6,697.97	0.810,9	0.602,9	2.196,1	-80.55	71.34	0.17	-11.63
600358	國旅聯合	0.013,0	1.370,0	553.96	0.133,7	0.212,7	0.939,2	52.36	41.74	0.11	-22.83
600166	福田汽車	0.421,0	4.080,0	83,717.42	1.746,8	0.911,3	10.300,5	-44.15	68.66	1.59	-1.48
600138	中青旅	0.531,0	5.933,0	22,054.10	2.164,3	2.567,9	8.950,0	9.02	56.20	0.76	41.08

4 現代數學方法在經濟序列數據處理中的應用 | 167

其中，淨資產收益率高/低表明公司盈利能力強/弱；淨利潤增長率高/低表明公司增長能力強/弱，前景好/差；資產負債比率高/低表明公司負債多/少，償債壓力大/小；總資產週轉率是指企業在一定時期內業務收入淨額同平均資產總額的比率；主營業務收入增長率用來衡量公司的產品生命週期，判斷公司發展所處的階段。

對股票的各種指標數據進行描述性分析，並計算每個指標的均值、方差、偏度、峰度，結果如表4.6所示。

表4.6　　　　　　　　　　變量描述

Descriptive Statistics

	N	Mean	Variance	Skewness		Kurtosis	
	Statistic	Statistic	Statistic	Statistic	Std. Error	Statistic	Std. Error
每股收益(元)	31	.577 545	1.323	4.479	.421	22.247	.821
每股净资产(元)	31	4.972 035	19.034	2.485	.421	7.566	.821
净利润(万元)	31	924 632.2 910	9.294E12	3.776	.421	13.763	.821
每股资本公积金(元)	31	1.847 590	4.023	2.029	.421	4.235	.821
每股未分配利润(元)	31	1.729 952	10.389	4.091	.421	20.223	.821
净资产收益率(%)	31	9.164 371	73.873	1.072	.421	.967	.821
净利润增长率(%)	31	9.4 010	6198.831	-.298	.421	2.584	.821
资产负债比率(%)	31	53.332 258	425.626	.219	.421	-.733	.821
总资产周转率(%)	31	.5 142	.109	.951	.421	2.359	.821
主营业务收入增长率(%)	31	22.2 926	656.198	.955	.421	2.393	.821
Valid N (listwise)	31						

4.3.4　結果分析與討論

4.3.4.1　聚類結果

採用系統聚類分析法，將10個指標作為變量，股票名稱作為標註個案，使用Q型聚類分析，採用組間連接的聚類方法，選擇平方歐氏距離來進行度量，其中標準化選擇全距從0到1，通過SPSS軟件分析並繪製聚類，所產生的結果如表4.7所示。

表 4.7 聚類過程

Agglomeration Schedule						
Stage	Cluster Combined		Coefficients	Stage Cluster First Appears		Next Stage
	Cluster 1	Cluster 2		Cluster 1	Cluster 2	
1	20	25	.039	0	0	3
2	12	16	.057	0	0	7
3	3	20	.075	0	1	8
4	2	28	.084	0	0	12
5	7	14	.086	0	0	13
6	8	31	.111	0	0	13
7	1	12	.114	0	2	15
8	3	10	.138	3	0	18
9	5	23	.146	0	0	16
10	4	19	.148	0	0	16
11	17	27	.155	0	0	19
12	2	29	.177	4	0	17
13	7	8	.184	5	6	14
14	6	7	.212	0	13	18
15	1	22	.245	7	0	17
16	4	5	.286	10	9	20
17	1	2	.295	15	12	19
18	3	6	.299	8	14	20
19	1	17	.382	17	11	21
20	3	4	.406	18	16	21
21	1	3	.455	19	20	22
22	1	24	.651	21	0	23
23	1	30	.782	22	0	26
24	15	26	.797	0	0	28
25	9	21	.823	0	0	27
26	1	13	1.002	23	0	27
27	1	9	1.155	26	25	28
28	1	15	1.345	27	24	29
29	1	11	1.702	28	0	30
30	1	18	3.104	29	0	0

表 4.7 是股票進行聚類的過程展示表，第一列是聚類迭代的次數；第二列和第三列是指每次參加迭代計算的股票序號；第四列是指進行聚類的兩股票間的距離；第五列和第六列是指該股票上一次參加聚類迭代是在哪一次，「0」則表示從未參加過聚類迭代；第七列表示股票下一次參加迭代的次數將是哪一次。

最後產生的顯示聚類結果的冰柱圖及樹形圖如圖 4.9、圖 4.10 所示。

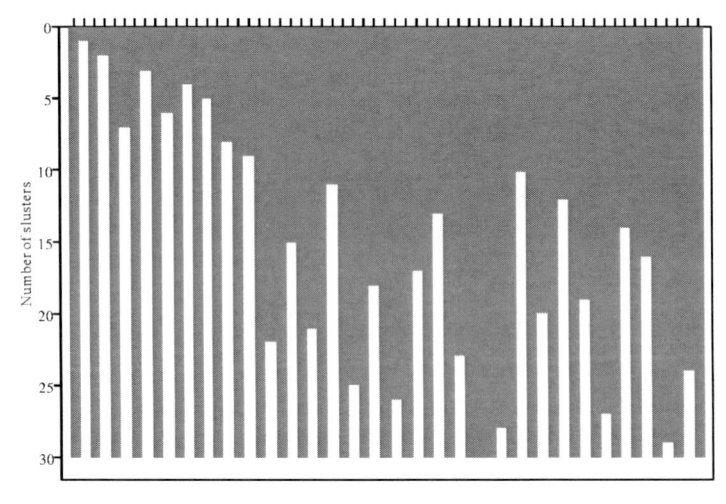

圖 4.9　聚類產生的冰柱圖

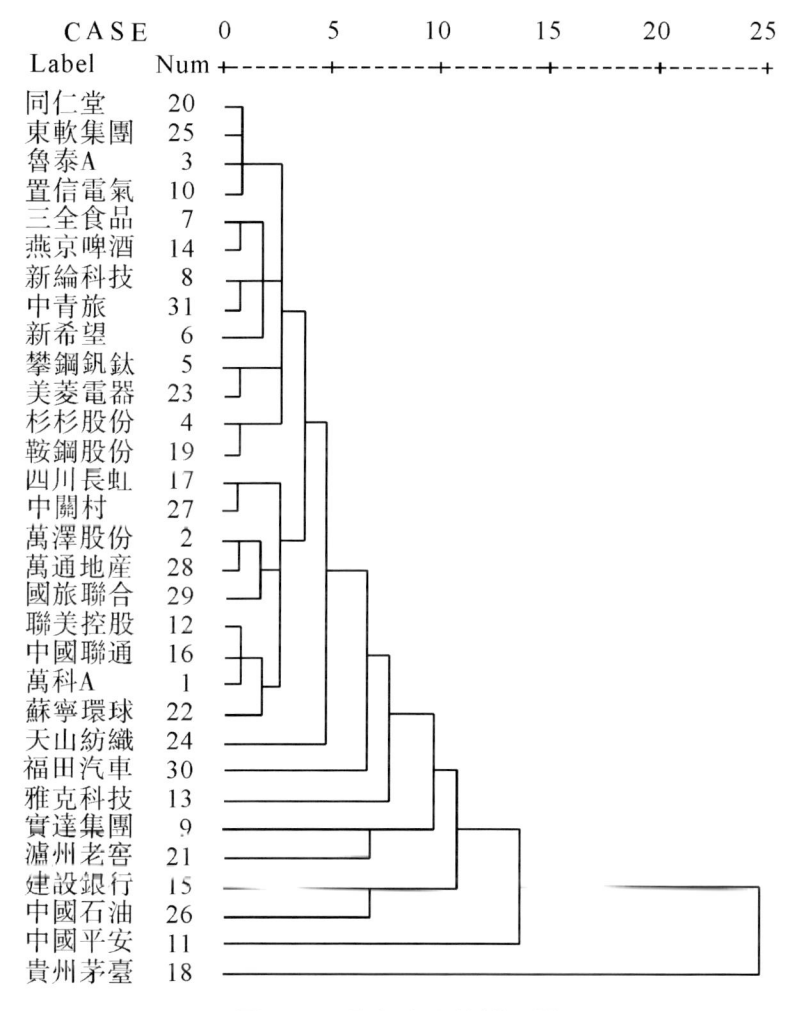

```
         CASE      0     5    10    15    20    25
        Label  Num +-----+-----+-----+-----+-----+
同仁堂          20
東軟集團        25
魯泰A            3
置信電氣        10
三全食品         7
燕京啤酒        14
新綸科技         8
中青旅          31
新希望           6
攀鋼釩鈦         5
美菱電器        23
杉杉股份         4
鞍鋼股份        19
四川長虹        17
中關村          27
萬澤股份         2
萬通地產        28
國旅聯合        29
聯美控股        12
中國聯通        16
萬科A            1
蘇寧環球        22
天山紡織        24
福田汽車        30
雅克科技        13
實達集團         9
瀘州老窖        21
建設銀行        15
中國石油        26
中國平安        11
貴州茅臺        18
```

圖4.10 聚類產生的樹形圖

我們可以從圖4.9和圖4.10中直觀地看出（每只股票後續括號中的數字為股票序號，此處僅列出分2~5類的結果）：

當分成三類時，一類為600519貴州茅臺（18），一類為601318中國平安（11），其餘股票為一類。

當分成四類時，一類為600519貴州茅臺（18），一類為601318中國平安（11），一類為601939建設銀行（15）、601857

中國石油（26），其余股票為一類。

當分成五類時，一類為600519貴州茅臺（18），一類為601318中國平安（11），一類為601939建設銀行（15）、601857中國石油（26），一類為實達集團（9）、瀘州老窖（21），其余股票為一類。

4.3.4.2 分析與討論

對股票的10個指標進行R型聚類（即對變量進行聚類），聚類結果如表4.8和圖4.11所示。

表4.8　　　　　　　　R型聚類結果

Case	Matrix File Input				
	每股收益(元)	每股淨資產(元)	淨利潤(萬元)	每股資本公積金(元)	每股未分配利潤(元)
每股收益(元)	.000	.818	2.200	2.734	.206
每股淨資產(元)	.818	.000	3.284	1.208	.350
淨利潤(萬元)	2.200	3.284	.000	4.189	2.370
每股資本公積金(元)	2.734	1.208	4.189	.000	2.224
每股未分配利潤(元)	.206	.350	2.370	2.224	.000
淨資產收益率(%)	3.129	2.497	5.046	4.548	2.500
淨利潤增長率(%)	8.277	5.579	10.064	6.669	6.489
資產負債比率(%)	9.718	6.886	10.065	7.085	7.967
總資產週轉率(%)	3.780	2.619	5.140	3.061	2.857
主營業務收入增長率(%)	3.586	2.459	4.905	3.350	2.766

表 4.8(續)

Case	Matrix File Input		
	淨資產收益率(%)	淨利潤增長率(%)	資產負債比率(%)
每股收益(元)	3.129	8.277	9.718
每股淨資產(元)	2.497	5.579	6.886
淨利潤(萬元)	5.046	10.064	10.065
每股資本公積金(元)	4.548	6.669	7.085
每股未分配利潤(元)	2.500	6.489	7.967
淨資產收益率(%)	.000	2.916	4.696
淨利潤增長率(%)	2.916	.000	2.222
資產負債比率(%)	4.696	2.222	.000
總資產週轉率(%)	2.848	4.081	5.366
主營業務收入增長率(%)	1.275	2.340	3.839

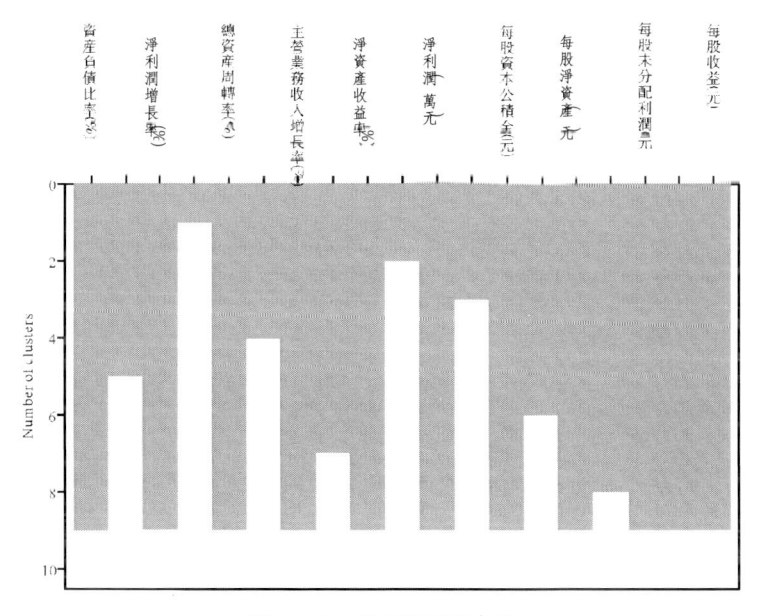

圖 4.11 R 型聚類結果

4 現代數學方法在經濟序列數據處理中的應用

從表4.8和圖4.11可以看出，指標每股收益、每股未分配利潤、每股淨資產、主營業務收入增長率、淨資產收益率、每股資本公積金、總資產週轉率、淨利潤先聚合，後與淨利潤增長率、資產負債比率聚合。

所以我們可以直接將淨利潤增長率、資產負債比率加上其他一項指標來進行類別好壞的判斷，按下式計算類中每一變量與其余變量的相關指數（即相關係數的平方）的均值，而後把該值最大的變量作為典型指標：

$$\bar{R}_x^2 = \frac{\sum r^2}{m-1} \tag{4.16}$$

式中，m 為類中變量個數，r 為每一變量與其余變量的相關指數。其結果為：

$\bar{R}_1^2 = 7.137,887$，$\bar{R}_2^2 = 4.596,539$，$\bar{R}_3^2 = 16.388,11$，

$\bar{R}_4^2 = 10.386,58$，$\bar{R}_5^2 = 4.684,191$，$\bar{R}_6^2 = 11.166,07$，

$\bar{R}_7^2 = 11.179,28$，$\bar{R}_8^2 = 9.786,175$；

其中下標1~8表示除了淨利潤增長率、資產負債比率外的其他幾個指標，順序如表4.8所示。

根據以上結果可知，$\bar{R}_3^2$ 最大，所以選取淨利潤、淨利潤增長率、資產負債比率來判別類別好壞。

與表4.6中描述性分析所得的表格數據相比較得結果（假設樣品分成六類）：

第一類為 {600734 實達集團，000568 瀘州老窖}。

第二類為 {601318 中國平安}。

第三類為 {002409 雅克科技}。

第四類為 {601939 建設銀行，601857 中國石油}。

第五類為 {600519 貴州茅臺}。

第六類為其他剩余股票。

與描述性分析所得結果比較得到的第五類的淨利潤和淨資產收益率都遠大於平均值，且資產負債比率遠低於平均值，綜合財務狀況良好，贏利性較高，具有長期投資的價值；第四類和第二類的淨利潤都遠大於平均值，其中建設銀行和中國平安的淨資產收益率高於平均值，但負債率也高於平均值，中國石油的負債率低但收益率也較低；第一類的淨資產收益率遠高於平均值，但淨利潤低於平均值，但是它們綜合財務狀況較好，可以考慮作為長期投資的對象；第三類的淨利潤和淨資產收益率都低於平均值，競爭能力較弱，要謹慎購買，投資風險大；第六類股票的指標或滿足三個指標中的任一指標，易變化，可多加觀望。

4.3.5 結論與討論

　　一方面，本研究採用了聚類分析中系統聚類的方法來對31家上市公司股票進行分類，同時也對10個指標進行了R型聚類，從而選取典型指標判別已分類別的好壞，展示了聚類分析在股票市場分析中的應用，利用聚類分析對股票的分類判別縮小投資的選擇範圍，減少投資的風險性。

　　另一方面，系統聚類的計算量較大，而且股票在時刻變化，但系統聚類屬於靜態聚類，分析變化的股票有局限性，所以我們應該進一步尋找一種動態聚類的方法，能夠順著股票的變化情況來準確分類判別。

5 研究總結與展望

近一百年以來，湧現出了一大批現代數學方法。很多學者對這些方法進行了研究，使得這些方法理論本身得到完善。更重要的是，這些方法在工程應用領域發揮了巨大作用，為科學技術的進步奠定了良好的數學基礎。

曾有不少學者認為，一個成功的有價值的研究，必須融入有效的數學方法進行定量分析，可見數學在科學研究中的重要性。本書結合作者多年的學習和研究，就現代數學方法中較為常用的數學方法——人工神經網絡、盲信號處理、支持向量機、灰色系統等，應用於處理各種空間和時間序列數據進行研究，取得了不少非常好的結論，但同時也存在一些問題。下面就本書各章節的研究進行總結，並對存在的問題進行論述。

（1）空間序列數據是各種序列數據中較難處理的一種，本書以儲層評價為背景進行研究。儲層物性參數是儲層評價的重要指標之一，因為儲層特性的非均質性，致使其在縱向和橫向上具有嚴重的非線性特徵。本書系統討論了 BP 網絡的算法原理、改進方向，深入討論了物性參數的預測過程、預測模型的建立、學習樣本的選取以及網絡泛化能力的提高等問題，並利用實際測井數據進行仿真實驗和驗證，取得了非常好的預測效果。我們完全可以將這種方法應用於其他類似的問題上。

但是在研究過程中也存在一些問題，比如當各參數在數量級上相差較大時，在對數據進行變換和反變換時，會造成相應精度的降低；又如本書在對空間序列數據進行分析時，僅作了縱向上的反演，並未作橫向上的分析，橫向上的變化比縱向更為複雜，神經網絡能否在這方面體現其優越性？另外神經網絡的穩定性問題也未作深入討論。這些問題將在以後研究過程中進行認真深入的討論。

（2）本書利用神經網絡對時間序列數據也做了相應的應用研究。胎兒在母體內體重的精確測算是產科中的重要課題，但是現有超聲設備中常用的測算方法仍是線性方法，並不滿足胎兒生長發育過程中的非線性特性，所以測算的精度普遍不高。本書利用 BP 網絡建立了胎兒體重預測的非線性模型，在計算結果和對比分析中發現，本書所設計的方法較常規方法要高得多。實際上這也體現了神經網絡在人工智能測算和非線性預測中具有優越的應用價值。

（3）時序數據降噪是信號處理的一個非常重要的研究內容。ICA 是近年來新崛起的有用的新興算法，本書從地震信號降噪、生物醫學信號降噪和經濟時序數據降噪三個不同側面進行研究。

首先，對獨立分量分析技術的整個理論做了詳細闡述。且承前啟後，討論了獨立分量分析技術的數據的預處理理論和兩個不確定性問題。在介紹獨立分量分析理論時，本書主要以線性獨立分量分析為主，介紹了一些常用的獨立性判據（目標函數）以及目前比較常用的批處理算法和自適應算法，並引出了當前較為流行的獨立分量逐次提取算法，從而為其在地學多次波方面的應用打下了良好的基礎。

本書在 §2.2 中詳細討論和總結了當今多次波壓制技術中的各種方法，並對各類算法的優缺點及實用環境進行了詳細的論述。最後針對傳統的基於二階統計量—能量最小準則的多次波相減技術的理論缺陷，利用 ICA 建立多次波盲分離模型，然後根據模型進行獨立分量分析的算法設計，並利用混合矩陣的某些性質，巧妙地解決了這個新模型的獨立分量分析算法中兩個不確定性問題。本書通過人工合成的地震記錄，進行仿真實驗，並與常規的基於二階統計量的壓制方法進行比較，得到了滿意的分離結果，較好地恢復了一次波的有效信息。

　　但是在此研究中也存在一些不盡如人意的地方，比如，本書只研究了獨立分量分析技術中的瞬時混合模型在多次波壓制中的應用，而地面檢波器所接收到的在地層中傳播的地震波的表達式應更接近於獨立分量分析技術中的卷積模型；僅利用人工合成的地震勘探數據驗證了本書提出算法的有效性，算法的實際應用價值還有待於利用實際勘探數據來檢驗。這些問題也將在以後的研究中不斷分析並解決它們。

　　其次，針對一維時序數據，設計噪聲的分離模型。書中的§3.3 和 §4.1，分別針對生物醫學心電信號和經濟時序數據，利用 ICA 進行降噪處理。從研究結果來看，降噪效果明顯高於常規的濾波方法。因此，完全可以將此方法推廣到其他一維數據的降噪處理問題中。

　　實際上，基於獨立分量分析的噪聲減去技術是一個新興的研究領域，在理論和實際應用上都需要進行進一步的研究。今後課題將展開時延混合矩陣估計和欠定方程組求解等方面的理論研究，以解決現有算法中存在的問題，並發展相應的實際處理算法，進行合成資料和實際資料處理，從而推動和促進相關技術的實用化。

　　（4）針對小樣本時序數據預測問題中的因數據缺乏和數據本身具有混沌特徵而存在的預測精度不高等問題，本書以小麥條銹病預測為例，利用相空間重構和支持向量機相結合建立預測模型，並對模型進行仿真實驗。結果表明，針對具有混沌特性的小數據預測問題，使用相空間重構後的預測結果效果遠高於直接對數據進行分析。但是本書並沒有對此法進行橫向推廣，同時，因為樣本較少，對結果的統計意義未做深入研究，這也是今後作者繼續研究的一個方向。

另外，灰色系統雖然發展時間不長，但是其應用卻非常廣泛。本書使用灰色 GM（1，1）模型，對災後農民收入進行了預測，取得了較好的預測效果。聚類分析作為數據處理常用的方法，在本書中也被用來做了針對股票分類的分析。這兩個方面在算法分析方面所做工作較少，主要是直接利用現有方法。今後也將在算法分析和大數據處理方面做深入研究。

綜上所述，本書在利用一些數學方法對各種序列數據進行處理研究時，取得了一些可喜的研究成果，說明了方法的有效性。同時在研究過程中也出現了一些問題，作者將在以後的研究中不斷分析並解決它們。

參考文獻

[1] 楊建剛. 人工神經網絡實用教程 [M]. 杭州：浙江大學出版社, 2002.

[2] 蔣宗禮. 人工神經網絡導論 [M]. 北京：高等教育出版社, 2003.

[3] 袁曾任. 人工神經網絡及其應用 [M]. 北京：清華大學出版社, 1999.

[4] 雲舟工作室. Matlab 數學建模基礎教程 [M]. 北京：人民郵電出版社, 2001.

[5] 肖慈崎, 婁建立, 譚世君. 神經網絡技術用於測井解釋的評述 [J]. 測井技術, 1999, 23 (5).

[6] 聞新, 周露, 李翔, 等. Matlab 神經網絡仿真與應用 [M]. 北京：科學出版社, 2003.

[7] 胥澤銀, 郭科. 多元統計方法及其程序設計 [M]. 成都：四川科學技術出版社, 1999.

[8] 王克成, 王科俊, 余達太. 2種改進的神經網絡結構學習算法 [J]. 北京科技大學學報, 1997, 19 (5).

[9] 黃述旺, 竇齊豐, 劉偉, 等. BP神經網絡在儲層物性參數預測中的應用——以梁家樓油田沙三中為例 [J]. 西北大學學報, 2002, 32 (3).

［10］王倫文, 張鈴. 構造型神經網絡綜述［J］. 模式識別與人工智能, 2008, 21（1）.

［11］夏宏泉, 張賢輝, 範翔宇, 等. 基於神經網絡法的逐點滲透率測井解釋研究［J］. 西南石油學院學報, 2001, 23（1）.

［12］王俊科, 李國斌. 幾種變學習率的快速 BP 算法比較研究［J］. 哈爾濱工程大學學報, 1997, 18（3）.

［13］李鳳杰, 王多雲, 苑克增, 等. 人工神經網絡技術在油田儲層物性預測中的應用——以西峰油田為例［J］. 天然氣地球科學, 1996, 15（3）.

［14］劉爭平, 何永富. 人工神經網絡在測井解釋中的應用［J］. 地球物理學報, 1995, 38（3）.

［15］劉力輝, 常德雙, 殷學軍, 等. 人工神經網絡在預測儲層中的應用［J］. 石油地球物理勘探, 1996（30）.

［16］劉海濤, 周志華, 尹旭日, 等. 神經網絡在測井資料岩性識別中的應用研究［J］. 模式識別與人工智能, 2000, 13（2）.

［17］張治國, 楊毅恒, 夏立顯. 自組織特徵映射神經網絡在測井岩性識別中的應用［J］. 地球物理學進展, 2005, 20（2）.

［18］羅利. 神經網絡在測井解釋中的應用［J］. 天然氣工業, 1997, 17（5）.

［19］呂曉光, 杜慶龍, 曹維福. 應用人工神經網絡模型進行油層孔隙度、滲透率預測［J］. 大慶石油地質與開發, 1996, 15（3）.

［20］王朋岩. 用神經網絡預測儲層的孔隙度［J］. 大慶石油學院學報, 2003, 27（2）.

［21］VENKATESHS. Computation and Learning in the Context

of Neural Netmork Capacity [M] //Neural Networks for Perception, Vol. 2. H. Wechsler, Ed. New York: Academic Press, 1992.

[22] ROGERS S. M. Determination of Lithology from Well Logs Using a Neural Netwok [J]. AAPG Bulletin, 1992, 76 (5).

[23] 薛嘉慶. 最優化原理與方法 [M]. 北京: 冶金工業出版社, 1992.

[24] 何寶侃, 周熙襄, 鐘本善. 地球物理反演問題中的最優化方法 [M]. 北京: 地質出版社, 1980.

[25] 張發啟. 盲信號處理及應用 [M]. 西安: 西安電子科技大學出版社, 2006.

[26] I T JOLLIFFE. Prinicipal component analysis [M]. Springer-Verlag, 1986.

[27] P J HUBER. Projection pursuit [J]. The Annals of Statistices, 1985, 13 (2).

[28] 肯德爾. 多元統計 [M]. 北京: 科學出版社, 1983.

[29] J HERAULT, C JUTTEN. Space or time adaptive signal processing by Neural Network Models [J]. AIP Conf. Proc. 1986.

[30] P COMEN. Independent component analysis, a new concept? [J]. Signal Processing, 1994, 36 (3).

[31] A J BELL, T J SEJNOWSKI. An information maximization approach to blind separation and blind deconvolution [J]. Neural Computation, 1995, 7 (6).

[32] S AMARI, T P CHEN, A CICHOCKI. Stability analysis of learning algorithm for blind source separation [J]. Neural Networks, 1997, 10 (8).

[33] T W LEE, M GIROLAMI, T J SEJNOWSKI. Independent component analysis using an extended Infomax algorithm for mixed sub-Gaussian and super-Gaussian source [J]. Neural computation,

1999, 11 (2).

[34] A HYVARINEN, E OJA. A fast fixed-point algorithm for independent component analysis [J]. Neural Computation, 1997, 9 (7).

[35] MAKEIG, S BELL, A JUNG, et al. Independent component analysis of electroencephalographic data [C] // Advances in Neural Information Processing Systems, 1996.

[36] T P JUNG, C HUMPHRIES, T LEE, et al. Extended ICA removes artifacts from electroencephalographic recordings [C] //Advances in Neural Information Processing Systems, 1997.

[37] M STEWART, BARTLETT, T J SEJNOWSKI. Independent components of face images: A representation for face recognition [C] //Proceeding of the 4th Annual Jount Sysmposium on Neural Computation, Pasadena, CA, May 17, 1997.

[38] M S GRAY, J R MOVELLAN, T J SEJNOWSKI. A comparison of local versus global image decompositions for visual speech reading [C] //Proceeding of the 4th Annual Jount Sysmposium on Neural Computation, Pasadena, CA, May 17, 1997.

[39] P PAJUNEN, A HUVARINEN, J KARHUNEN. Nonlinear blind source separation by self-organizing maps [C] // Progress in Neural Information Processing: Proc. ICONIP'96.

[40] 蒽曉宇, 劉洪, 曾銳, 等. 淺水型河流相的 ICA 地震識別方法 [J]. 地球物理學進展, 2006 (3).

[41] 王緒本, 郭勇, 等. 基於聲波與振動探測的地震災害生命搜索系統信號分析 [J]. 工程地球物理學報, 2005 (2).

[42] 王嬌, 王緒本, 簡興祥. 地震災害救助系統中聲波/振動信號的分離 [J]. 電子技術應用, 2004 (2).

[43] 劉喜武, 劉洪, 李幼銘. 獨立分量分析及其在地震信

息處理中應用初探 [J]. 地球物理學進展, 2003 (1).

[44] 劉喜武, 劉洪, 李幼銘. 快速獨立分量變換與去噪初探 [J]. 中國科學院研究生院學報, 2003 (4).

[45] 彭才, 朱仕軍, 等. 基於獨立成分分析的地震數據去噪 [J]. 勘探地球物理進展, 2007 (1).

[46] 呂文彪, 尹成, 等. 利用獨立分量分析法去除地震噪聲 [J]. 石油地球物理勘探, 2007 (2).

[47] 劉喜武, 劉洪, 鄭天愉. 用獨立分量分析方法實現地震轉換波與多次反射波分離 [J]. 防震減災工程學報, 2003 (1).

[48] 陸文凱, 駱毅, 等. 基於獨立分量分析的多次波自適應相減技術 [J]. 地球物理學報, 2004 (5).

[49] 楊寶俊, 李月, 等. 改善地震勘探記錄的4項技術 [J]. 吉林大學學報: 地球科學版, 2006 (5).

[50] ARTHUR B WEGLEIN. Multiple attenuation: an overview of recent advances and the road ahead [J]. The leading Edge, 1999, 18 (1).

[51] BERKHOUT A J, VERSCHUUR D J. Estimation of multiple scattering by iyerative inversion, Part1: theoretical considerations [J]. Geophysics, 1997.

[52] VERSCHUUR D J, BERKHOUT A J. Estimation of multiple scattering by iyerative inversion, Part2: Pratical aspects and examples [J]. Geophysics, 1997.

[53] VERSCHUUR D J, BERKHOUT A J, et al. Adaptive surface-related multiple elimination [J]. Geophysics, 1992, 57 (9).

[54] BERKHOUT A J. Multiple remopval based on the feedback mode [J]. The leading Edge, 1999, 18 (1).

[55] ARTHUR B WEGLEIN, FERNANDA ARAUJO GASPA-

ROTTO. An inverse-scattering series method for attenuation multiples in seismic refection data [J]. Geophysics, 1997, 62 (6).

[56] HYVARIEN A, KARHUNEN J, OJA E. Independent Component Analysis [M]. New York: John Wiley, 2001.

[57] 楊行俊, 鄭君里. 人工神經網絡與盲信號處理 [M]. 北京: 清華大學出版社, 2003.

[58] H H YANG, et al. Adaptive on-line learning algorithms for blind separation: Maximum entropy and minimum mutual information [J]. Neural Networks, 1997, 9 (67).

[59] J F CARDOSO. Blind signal processing: statistical principles [J]. Proc. IEEE, 1998, 86 (10).

[60] T W LEE, et al. A unifying information-theoretic framework for independent component analysis [J]. International Journal of Computer and Mathmatics with Application, 2000, 31 (11).

[61] J F CARDOSO. Higher order contrasts for independent compomnent analysis [J]. Neural Computation, 1999, 11 (1).

[62] J F CARDOSO. Informax and maximum likelihood for blind source separation [J]. IEEE Signal Processing Letters, 1997, 4 (4).

[63] J F CARDOSO, et al. Blind beamforming for non-Gaussian signal [J]. IEE Proc. F, 1993, 140 (6).

[64] VAN DER VEEN A J. Algebraic Methods for deterministic Blind Beamforming [J]. Proc. IEEE, 1998, 86 (10).

[65] 倪晉平. 水聲信號盲分離技術研究 [D]. 西安: 西北工業大學博士學位論文, 2002.

[66] 李錄明, 李正文. 地震勘探原理、方法及解釋 [M]. 北京: 地質出版社, 2007.

[67] 陳祖傳. 多次波剩余時差分析法 [M]. 成都: 石油工

業出版社, 1997.

[68] K L LARNER. Optimum weight averaging of seismic data [M]. Western Geophysical Company, 1975.

[69] O YILMAZ. Seismic Data Processing [M]. SEG, 1987.

[70] Technical Description of Application Programs [M]. CGG, 1974.

[71] B DRAGOSET. Surface multiple attenuation and subsalt imaging [M]. Western Geophysical, 1993.

[72] T HU, R E WHITE. Robust multiple suppression using adaptive beamforming [J]. Geophysical Prospecting, 1998.

[73] PANOS G KELAMIS, D J VERSCHUUR. Surface-related multiple elimination on land seismic data-Strategies via case studies [J]. Geophysics, 2000, 65 (3).

[74] MATSON, H KEN, PASCHAL, et al. A comparision of three multiple-attenuation methods applied to a hard water-bottom data set [J]. The Leading Edge, 1999, 18 (1)

[75] D J VERCHUUR, R J PREIN. Multiple removal result from Delft University [J]. The Leading Edge, 1999, 18 (1).

[76] W H DRAGOSET, Z JERICEIVE. Some remarks on surface multiple attenuation [J]. Geophysics, 1998, 63 (2).

[77] Y H WANG. Multiple substraction using an expanded multichannel matching filter [J]. Geophysics, 2003, 68 (1).

[78] A T WALDEN. Non-Gaussian reflectivity, entropy, and deconvlution [J]. Geophysics, 1985, 50 (12).

[79] M D SACCHI, D R VELIS, A H COMINGUEZ. Minimum entropy deconvolution with frequency domain constains [J]. Geophysics, 1994, 59 (6).

[80] 牛濱華, 等. 與自由界面有關的多次波波場模擬 [J].

中國地球物理學會年刊，2000（1）.

［81］A HYVARINEN. Survey on independent component analysis［J］. Neural Computing Surveys，1999，2（1）.

［82］A HYVARINEN，E OJA. Independent component analysis：Algorithm and application［J］. Neural Network，2000，13（4）.

［83］C JUTTEN，J HERAULT. Blind separation of sources. PartI：An adaptive algorithm based on neuro mimetic architecture［J］. Signal Processing，1991，24（1）.

［84］YIN MING CHENG，LEI XU. Independent component ordering in ICA time series analysis［J］. Neurocomputing，2001，41（2）.

［85］牛濱華，沈操，黃新武. 波動方程多次波壓制技術的進展［J］. 地球物理學進展，2002，17（3）.

［86］牛濱華，沈操，等. 波動方程壓制多次波的技術方法［J］. 地學前緣，2002，9（2）.

［87］徐文君，於文輝，卞愛飛. 地震資料多次波處理［J］. 工程地球物理學報，2005，2（6）.

［88］朱鉉，趙曙白，虞水羣. 多次波衰減技術的新進展［J］. 石油物探譯叢，1998（4）.

［89］沈操. 基於波動方程的自由界面多次波壓制［D］. 北京：中國地質大學博士學位論文，2002.

［90］張志軍. 用奇異值分解方法衰減多次波［J］. 中國海洋大學學報：自然科學版，2006（S2）.

［91］譚紹泉，徐淑合，等. 基於波動理論消除表層多次波［J］. 石油大學學報：自然科學版，2004，28（5）.

［92］黃新武，孫春岩，牛濱華，等. 基於數據一致性預測與壓制自由表面多次波——理論研究與試處理［J］. 地球物理

學報, 2005, 48 (1).

[93] 閻貧, 汪瑞良, 等. 海上多次波的交互模擬 [J]. 石油物探, 2000, 39 (2).

[94] 劉長輝, 王建鵬, 曹軍. 海洋多次波特徵和壓制方法初探 [J]. 石油天然氣學報, 2005, 27 (4).

[95] 李鵬, 劉伊克, 等. 多次波問題的研究進展 [J]. 地球物理學進展, 2006, 21 (3).

[96] 王維紅, 崔文寶, 劉洪. 表面多次波衰減的研究現狀與進展 [J]. 地球物理學進展, 2007, 22 (1).

[97] 黎丹, 王兵團. 應力的反射系數和透射系數 [J]. 北方交通大學學報, 2003, 27 (3).

[98] 劉繼東. TEM 擬地震解釋中的反射系數確定 [J]. 煤田地質與勘探, 2004, 32 (5).

[99] A HYVARINEN, et al. Independent Component Analysis [M]. New Jersey: John Wiley and Sons, 2001.

[100] A HYVARINEN. Fast and robust fixed-point algorithm for independent component analysis [J]. IEEE Trans. on Neural Network, 1999, 10 (3).

[101] 費永成, 王芬, 於成. 成都市小麥條銹病的發生與流行規律 [J]. 貴州農業科學, 2011, 39 (4).

[102] 易亮, 趙豫. 豫南小麥條銹病長、中、短期氣象預報模型研究 [J]. 安徽農業科學, 2008, 36 (21).

[103] PACKARD H, CRUTCH FIELD P, FARMER D, et al. Geometry from a time series [J]. Physical Review Letters, 1980 (45).

[104] 李振歧, 曾士邁. 中國小麥條銹病 [M]. 北京: 中國農業出版社, 2002.

[105] 汪可寧, 謝水仙, 劉孝坤, 等. 中國小麥條銹病防

治研究的進展 [J]. 中國農業科學, 1988, 21 (2).

[106] 韓小霞, 謝剛, 任軍, 等. 基於支持向量機和相空間重構的多相催化建模 [J]. 南開大學學報, 2009, 40 (1).

[107] USTUN B, MELSSEN W J. Determination of optimal support vector regression Parameters by genetic algorithms and simplex optimization [J]. Analytical Chimica Acta, 2005 (544).

[108] 鄭永康, 陳維榮, 戴朝華, 等. 小波支持向量機與相空間重構結合的短期負荷預測研究 [J]. 繼電器, 2008, 36 (7).

[109] TAKENS F. Detecting strange attractors in fluid turbulence [J]. Lecture Notes in Mathematics, 1981 (28).

[110] 楊清, 宋海明, 李化平, 等. 竹山縣小麥條銹病發病規律與預報 [J]. 湖北植保, 2010, 5 (121).

[111] 李振岐, 王美楠, 賈明貴, 等. 隴南小麥條銹病的流行規律及其控製策略研究 [J]. 西北農業大學學報, 1997, 25 (2).

[112] 王德意, 楊卓, 楊國清, 等. 基於負荷混沌特性和最小二乘支持向量機的短期負荷預測 [J]. 北京電網技術, 2008, 32 (7).

[113] 劉書華, 楊曉紅, 蔣文科, 等. 基於 GIS 的農作物病蟲害防治決策支持系統 [J]. 農業工程學報, 2003, 6 (5).

[114] 劉婷. 基於相空間重構和支持向量機的和弦識別 [J]. 計算機與數字工程, 2010, 252 (38).

[115] 張靜. 基於相空間重構技術和 GA-BPNN 算法的小麥條銹病受災率預報模型 [J]. 西北農林科技大學學報: 自然科學版, 2006, 34 (1).

[116] 薛景, 秦長海. 基於蟻群聚類算法的胎兒體重預測 [J]. 計算機時代, 2010 (11).

[117] 尹玲, 孫晉玲. 不同參數胎兒體重預測符合率比較 [J]. 安徽理工大學學報: 自然科學版, 2006, 26 (3).

[118] LOUISE C, JENG Y, CHIUNG H, et al. Ultrasound Estimation of fetal weight with the use of computerized artificial network mode [J]. Ultrasound in Medcine &Biology, 2002, 28 (8).

[119] 蔣風, 常青. B超測量胎兒腹圍與胎兒體重相關性分析 [J]. 第三軍醫大學學報, 2003, 25 (1).

[120] 時春豔, 金燕志, 董悅. 超聲測量胎兒腹圍預測巨大胎兒 [J]. 中華圍產醫學雜誌, 2001, 4 (1).

[121] 刁曉娣, 江志斌, 劉瑾, 等. 根據孕婦參數預測胎兒體重的神經網絡方法 [J]. 中國生物醫學工程學報, 1999, 18 (2).

[122] CROSS SS, HARRISON RF, KENNEDY RL. Introduction to neural networks [J]. Lancet, 1995.

[123] 朱沽萍, 戴鐘英, 沈國芳, 等. 超聲預測胎兒體重方法的選擇 [J]. 上海醫學, 1999, 22 (6).

[124] FARMER RM, MEDEARLS AL, HIRATA GI, et al. The use of a neural network for the ultrasonographic estimation of fetal weight in the macrosomic fetus [J]. Am J Obstet Gyn ecol, 1992 (166).

[125] 張德豐. Matlab 神經網絡仿真與應用 [M]. 北京: 電子工業出版社, 2009.

[126] 凌蘿達. 難產與圍產 [M]. 重慶: 中國文獻出版社重慶分社, 1983.

[127] HADLOCK F P, HARRLST R B, SHARRNAN R S, et al. Estimation of fetal weight with the use of head [J] //body and femur measurements: a prospective study. Am J Obstet Gynecol, 1985 (5).

[128] HSIEH F J, CHANG F M, HUANG H C, et al. Computer—assisted analysis for prediction of fetal weight by ultrasound—comparison of biparietal diameter [J] //abdominal circumference

and femur length. J Formos Med Assoc, 1987, 86.

[129] 劉清欣, 萬紅. 基於獨立分量分析的胎兒心電信號提取 [J]. 華北水利水電學院學報, 2007, 28 (3).

[130] 張旭秀, 邱天爽, 等. 獨立分量分析原理及其應用 [J]. 大連鐵道學院學報, 2003, 24 (2).

[131] 賈金玲, 姚毅, 陳志利. 基於 ICA 的盲信號分離算法研究 [J]. 四川理工學院: 自然科學版, 2007, 20 (2).

[132] 武振華, 唐煥文, 等. 獨立分量分析在生物醫學信號處理中的應用 [J]. 國外醫學生物醫學工程分冊, 2004, 27 (4).

[133] 趙浩, 周衛東, 鐘凌惠. 獨立分量分析在生物醫學信號處理中的應用 [J]. 生物工程醫學研究, 2003, 22 (4).

[134] HYVARINENA. Fast and robust fixed-point algorithms for independent component analysis [J]. IEEE Trans. on Neural Networks, 1999, 10 (3).

[135] 謝慶, 張麗君, 程述一. 快速獨立分量分析算法在局放超聲陣列信號去噪中的應用 [J]. 電機工程學報, 2012, 18 (32).

[136] 楊福生, 洪波, 唐慶玉. 獨立分量分析及其在生物醫學工程中的應用 [J]. 國外醫學生物醫學工程, 2001, 20 (1).

[137] PATRICK E MCSHARRY, GARI CLIFFORD, LIONEL TARASSENKO, et al. A dynamical model for generating synthetic electrocardiogram signals [J]. IEEE Transactions on Biomedical Engineering, 2003, 50 (3).

[138] 王三秀. 獨立分量分析在心電信號處理中的應用 [J]. 信息化縱橫, 2009 (8).

[139] 馬建倉, 牛奕龍, 陳海洋. 盲信號處理 [M]. 北京: 國防工業出版社. 2006.

[140] 鄧秀勤. 聚類分析在股票市場板塊分析中的應用

[J]. 數理統計與管理, 1999, 18 (5).

[141] 朱建平. 應用多元統計分析 [M]. 北京: 科學出版社, 2006.

[142] 陳共, 周升業, 吳曉求. 證券投資分析 [M]. 北京: 中國人民大學出版社, 1997.

[143] 王冬梅. 建立中國上市公司業績綜合評價指標體系 [J]. 南開管理評論, 2000 (4).

[144] 李慶東. 聚類分析在股票分析中的應用 [J]. 遼寧石油化工大學學報, 2005, 2 (7).

[145] 彭文潔. 多元統計分析方法在證券投資中的應用 [J]. 科技信息, 2007 (16).

[146] 羅本德, 彭小兵. 股票投資群體動態聚類研究 [J]. 經濟體制改革, 2005 (3).

[147] 何光漢. 證券投資與證券管理 [M]. 武漢: 華中理工大學出版社, 1996.

[148] 郭志剛. 社會統計分析方法——SPSS 軟件應用 [M]. 北京: 中國人民大學出版社, 2006.

[149] 王麗敏, 劉家僑, 韓旭明, 等. 上市公司綜合評價模型及其應用 [J]. 計算機工程與應用, 2009, 45 (22).

[150] 李慶東, 李穎. 證券投資分析方法新探索——聚類分析方法應用 [J]. 現代情報, 2005 (11).

[151] 楊樺. 聚類分析在投資決策中的應用 [J]. 當代經理人, 2006 (21).

[152] Performance Evaluations of Listed Companies Based on Projection Pursuit by Real–coded Accelerating Genetic Algorithm [C] //Proceedings of 2009 Second International Workshop on Knowledge Discovery and Data Mining, 2009.

[153] 胡雷芳. 五種常用系統聚類分析方法及其比較 [J]. 浙江統計, 2007 (4).

[154] 任淮秀. 證券投資學 [M]. 北京: 高等教育出版社, 2003.

[155] HUANG CHAO, GONG HUIQUN, ZHONG WEIJUN. Volatility Comparative Study of Main Indices of Global Stock Market Based on Multi-fractal Clustering [J]. Journal of Management Science, 2010 (3).

[156] 趙平, 孫樹棟. 基於灰色預測模型的商品房銷售趨勢分析 [C]. 2005年中國模糊邏輯與計算智能聯合學術會議論文集, 2005.

[157] 張利萍, 李宏光. 改進的灰色預測算法在工業應用中的評價 [J]. 儀器儀表學報, 2004 (4).

[158] 羅德江, 張永峰, 劉誠. 非線性迴歸分析的PSO小波網絡方法及應用 [J]. 成都理工大學學報, 2008 (2).

[159] 劉誠, 郭科, 羅德江. 地震屬性優化及物性參數反演的一種非線性處理方法 [J]. 地球物理學進展, 2007, 22 (6).

[160] 劉誠, 郭科. 基於模式識別的非線性地震資料解釋方法 [J]. 物探化探計算技術, 2008, 30 (1).

[161] 王文娟, 劉誠. 儲層物性參數和儲層特性的預測模型 [J]. 工程數學學報, 2005, 22 (8).

[162] 劉誠, 王文娟. 基於神經網絡信息融合技術及其在儲層物性參數預測中的應用 [J]. 物探化探計算技術, 2006 (28).

[163] 何國柱, 劉誠, 楊啓智. 地震災害對農民收入影響的評估分析 [J]. 安徽農業科學, 2009, 37 (9).

[164] LIU CHENG. The Study About Long Memory and Volatility Persistence in China Stock Market Based on Fractal Theory

and GARCH Model [J]. Computer, Informatics, Cybernetics and Applications Proceedings of CICA, 2011, Part2, 2012, 3 (107).

[165] LIU CHENG, LIU JIANKANG. Study of Noise Reduction about Economic Time Series Data Based on ICA [J]. CDEE 2010, 2010, 10 (1).

[166] 劉誠. 基於獨立分量分析的地震信號多次波盲分離方法研究 [D]. 成都: 成都理工大學碩士學位論文, 2008.

附　錄

1. 獨立分量分析主要程序
（1）BBS 源程序
%三個源信號(亞高斯分佈)
n = 1000;
t = 1:n;
delta = 0.0002;
s1 = sin(1600 * pi * delta * t);
s2 = sin(600 * pi * delta * t) + 6 * cos(120 * pi * delta * t);
s3 = sin(180 * pi * delta * t);
S = [s1;s2;s3];
subplot(3,1,1),plot(t,s1);
subplot(3,1,2),plot(t,s2);
subplot(3,1,3),plot(t,s3);
%混合
A = [0.4447,0.9281,0.4057;0.6154,0.7382,⋯
0.9355;0.7919,0.1763,0.9196];
X = A * S;
figure
subplot(3,1,1),plot(t,X(1,:));

```
subplot(3,1,2),plot(t,X(2,:));
subplot(3,1,3),plot(t,X(3,:));
%預處理
XX1=X(1,:)-mean(X(1,:));
XX2=X(2,:)-mean(X(2,:));
XX3=X(3,:)-mean(X(3,:));
XX=[XX1;XX2;XX3;];
%白化
R=zeros(3,3);
for i=1:n
    R=R+XX(:,1)*(XX(:,1))';
end
R=R/(n-1);
[u,s,v]=svd(R);
T=inv(sqrt(s))*v';
XXX=T*XX;
figure
subplot(3,1,1),plot(t,XXX(1,:));
subplot(3,1,2),plot(t,XXX(2,:));
subplot(3,1,3),plot(t,XXX(3,:));
RR=zeros(3,3);
for i=1:n
    RR=RR+XXX(:,1)*(XXX(:,1))';
end
RR=RR/(n-1);
%分離
W=[sin(20),cos(20),0;sqrt(3)/2,0,⋯
```

```
1/2;cos(40),sin(40),0]';
e=0.01;
p=1;
for i=1:3
    q=zeros(3,1);
while p==1
        W(:,i)=XXX*((W(:,i)'*XXX)*(XXX'*···
           W(:,i)))*(XXX'*W(:,i)));
W(:,i)=W(:,i)/sqrt(W(:,i)'*W(:,i));
if i>1
for j=1:i
q=q+W(:,i)'*W(:,j)*W(:,j);
end
            W(:,i)=W(:,i)-q;
end
if abs(abs(W(:,i)'*W(:,i))-1)<e
         p=0;
end
end
end
Y=W*XXX;
figure
  subplot(3,1,1),plot(t,Y(1,:));
  subplot(3,1,2),plot(t,Y(2,:));
  subplot(3,1,3),plot(t,Y(3,:));
```

(2) FASTICA 源程序

```
function [Out1, Out2, Out3] = fastica(mixedsig, varargin)
if nargin == 0,
    error('You must supply the mixed …
          data as input argument.');
end
if length(size(mixedsig)) > 2,
    error('Input data can not have more…
          than two dimensions.');
end
if any(any(isnan(mixedsig))),
    error(' Input data contains NaN " s.');
end
if ~isa(mixedsig,' double ')
    fprintf('Warning: converting input ….
            data into regular (double)…
            precision.\n ');
    mixedsig = double(mixedsig);
end
% Remove the mean and check the data
[mixedsig, mixedmean] = remmean(mixedsig);
[Dim, NumOfSampl] = size(mixedsig);
verbose          = ' on ';
firstEig         = 1;
lastEig          = Dim;
interactivePCA   = ' off ';
approach         = ' defl ';
```

```
numOfIC           = Dim;
g                 = 'pow3';
finetune          = 'off';
a1                = 1;
a2                = 1;
myy               = 1;
stabilization     = 'off';
epsilon           = 0.0001;
maxNumIterations  = 1000;
maxFinetune       = 5;
initState         = 'rand';
guess             = 0;
sampleSize        = 1;
displayMode       = 'off';
displayInterval   = 1;
b_verbose = 1;
jumpPCA = 0;
jumpWhitening = 0;
only = 3;
userNumOfIC = 0;
% Read the optional parameters
if (rem(length(varargin),2)==1)
   error('Optional parameters should …
         always go by pairs');
else
for i=1:2:(length(varargin)-1)
if ~ischar(varargin{i}),
```

```
        error(['Unknown type of optional…
                parameter name parameter'…
'names must be strings).']);
end
% change the value of parameter
switch lower(varargin{i})
case 'stabilization'
        stabilization = lower(varargin{i+1});
case 'maxfinetune'
        maxFinetune = varargin{i+1};
case 'samplesize'
        sampleSize = varargin{i+1};
case 'verbose'
        verbose = lower(varargin{i+1});
if strcmp(verbose, 'off'),…
            b_verbose = 0;
        end
case 'firsteig'
        firstEig = varargin{i+1};
case 'lasteig'
        lastEig = varargin{i+1};
case 'interactivepca'
        interactivePCA = lower(varargin{i+1});
case 'approach'
        approach = lower(varargin{i+1});
case 'numofic'
        numOfIC = varargin{i+1};
```

```
                userNumOfIC = 1;
case 'g'
            g = lower(varargin{i+1});
case 'finetune'
            finetune = lower(varargin{i+1});
case 'a1'
            a1 = varargin{i+1};
case 'a2'
            a2 = varargin{i+1};
case {'mu', 'myy'}
            myy = varargin{i+1};
case 'epsilon'
            epsilon = varargin{i+1};
case 'maxnumiterations'
            maxNumIterations = varargin{i+1};
case 'initguess'
            initState = 'guess';
            guess = varargin{i+1};
case 'displaymode'
            displayMode = lower(varargin{i+1});
case 'displayinterval'
            displayInterval = varargin{i+1};
case 'pcae'
        jumpPCA = jumpPCA + 1;
            E = varargin{i+1};
case 'pcad'
            jumpPCA = jumpPCA + 1;
```

```
            D = varargin{i+1};
    case 'whitesig'
            jumpWhitening = jumpWhitening + 1;
            whitesig = varargin{i+1};
    case 'whitemat'
            jumpWhitening = jumpWhitening + 1;
            whiteningMatrix = varargin{i+1};
    case 'dewhitemat'
            jumpWhitening = jumpWhitening + 1;
            dewhiteningMatrix = varargin{i+1};
    case 'only'
    switch lower (varargin{i+1})
    case 'pca'
        only = 1;
    case 'white'
        only = 2;
    case 'all'
        only = 3;
    end
    otherwise
            error(['Unrecognized parameter: '''···
                varargin{i} '''']);
    end;
    end;
end
% print information about data
if b_verbose
```

```
    fprintf('Number of signals: %d\n', Dim);
    fprintf('Number of samples: %d\n', NumOfSampl);
end
if Dim > NumOfSampl
if b_verbose
    fprintf('Warning: ');
    fprintf('The signal matrix may be…
            oriented in the wrong way.\n');
    fprintf('In that case transpose the… matrix.\n\n');
end
end
% Calculating PCA
if jumpWhitening = = 3
if b_verbose,
    fprintf ('Whitened signal and…
            corresponding matrises supplied.\n');
    fprintf ('PCA calculations not…
            needed.\n');
end;
else
% Check to see if we already have the PCA data
if jumpPCA = = 2,
if b_verbose,
        fprintf ('Values for PCA …
                calculations supplied.\n');
        fprintf ('PCA calculations not…
                needed.\n');
```

```
        end;
    else
        if (jumpPCA > 0) & (b_verbose),
            fprintf ('You must suply all of …
                these in order to jump PCA:\n');
            fprintf ('" pcaE ", " pcaD ".\n');
        end;
        % Calculate PCA
            [E, D] = pcamat(mixedsig, firstEig,…
                lastEig, interactivePCA, verbose);
    end
end
if only > 1
    % Whitening the data
    if jumpWhitening = = 3,
        if b_verbose,
            fprintf ('Whitening not needed.\n');
        end;
    else
        % Whitening is needed
        if (jumpWhitening > 0) & (b_verbose),
            fprintf ('You must suply all of …
                these in order to jump…
                whitening:\n');
            fprintf ('" whiteSig ", " whiteMat…
                ", " dewhiteMat ".\n');
        end;
```

```
% Calculate the whitening
    [whitesig, whiteningMatrix, ...
    dewhiteningMatrix] = whitenv ...
(mixedsig, E, D, verbose);
end
end
if only > 2
if numOfIC > Dim
    numOfIC = Dim;
if (b_verbose & userNumOfIC)
        fprintf('Warning: estimating only...
            %d independent components\n', ...
            numOfIC);
        fprintf('(Can "t estimate more...
            independent components ...
            than dimension of data)\n');
end
end
% Calculate the ICA with fixed
  %point algorithm.
    [A, W] = fpica (whitesig, ...
            whiteningMatrix, ...
        dewhiteningMatrix, approach, ...
        numOfIC, g, finetune, a1, a2, ...
        myy, stabilization, epsilon, ...
        maxNumIterations, maxFinetune, ...
        initState, guess, sampleSize, ...
```

```
                    displayMode, displayInterval,...
                verbose);
if ~isempty(W)
    if b_verbose
            fprintf('Adding the mean back to...
                the data.\n');
    end
        icasig = W * mixedsig + (W * mixedmean)...
                * ones(1, NumOfSampl);
    if b_verbose &...
            (max(abs(W * mixedmean)) > 1e-9) &...
            (strcmp(displayMode,'signals') |...
            strcmp(displayMode,'on'))
            fprintf('Note that the plots don"t...
                have the mean added.\n');
    end
else
        icasig = [];
    end
end
if only == 1
    Out1 = E;
    Out2 = D;
elseif only == 2
    if nargout == 2
        Out1 = whiteningMatrix;
        Out2 = dewhiteningMatrix;
```

```
else
    Out1 = whitesig;
    Out2 = whiteningMatrix;
    Out3 = dewhiteningMatrix;
end
else
if nargout = = 2
    Out1 = A;
    Out2 = W;
else
    Out1 = icasig;
    Out2 = A;
    Out3 = W;
end
end
```

(3) 源程序中調用的主要函數

```
function y = fc(x)
y(1) = x(1) +x(2) -75;
y(2) = (x(1) * sqrt(x(2) * x(2) +1350 * 1350))/(x…
       (2) * sqrt(x(1) * x(1) +800 * 800)) -18/25;
y = [y(1), y(2)];
%%%%%%%%%%%%%%%%%%%%%%%%%%%
%ICAPLOT - plot signals in various ways
function icaplot(mode, varargin);
switch mode
case {'', 'classic', 'dispsig'}
```

```
if length(varargin) < 1, error('Not…
enough arguments.');
   end
if length(varargin) < 5, titlestr =…";else
   titlestr = varargin{5};
   end
if length(varargin) < 4, xrange = 0;…
     else xrange = varargin{4};
   end
if length(varargin) < 3, range = 0;
   else range = varargin{3};
   end
if length(varargin) < 2, n1 = 0;
   else n1 = varargin{2};
   end
   s1 = varargin{1};
   range=chkrange(range, s1);
   xrange=chkxrange(xrange, range);
   n1=chkn(n1, s1);
   clf;
   numSignals = size(n1, 2);
for i = 1:numSignals,
     subplot(numSignals, 1, i);
     plot(xrange, s1(n1(i), range));
end
   subplot(numSignals,1, 1);
if (~isempty(titlestr))
```

```
        title(titlestr);
end
case 'complot'
if length(varargin) < 1, error('Not ···
        enough arguments.');
    end
if length(varargin) < 5, titlestr ='';
    else titlestr = varargin{5};
end
if length(varargin) < 4, xrange = 0;
    else xrange = varargin{4};
    end
if length(varargin) < 3, range = 0;
    else range = varargin{3};
    end
if length(varargin) < 2, n1 = 0;
    else n1 = varargin{2};
    end
    s1 = remmean(varargin{1});
    range=chkrange(range, s1);
    xrange=chkxrange(xrange, range);
    n1=chkn(n1, s1);
for i = 1:size(n1,2)
        S1(i,:) = s1(n1(i), range);
end
    alpha = mean(max(S1')-min(S1'));
for i = 1:size(n1,2)
```

$$S2(i,:) = S1(i,:) - alpha * (i-1) * \cdots$$
$$ones(size(S1(1,:)));$$
end
 plot(xrange, S2');
 axis([min(xrange) max(xrange)$\cdots$
  min(min(S2)) max(max(S2))]);
 set(gca,'YTick',(-size(S1,1)+1)*alpha:$\cdots$
  alpha:0);
 set(gca,'YTicklabel',fliplr(n1));
if (~isempty(titlestr))
 title(titlestr);
end
case 'histogram'
if length(varargin) < 1, error('Not $\cdots$
 enough arguments.');
end
if length(varargin) < 5, style = 'bar';
 else style = varargin{5};
 end
if length(varargin) < 4, bins = 10;
 else bins = varargin{4};
 end
if length(varargin) < 3, range = 0;
 else range = varargin{3};
 end
if length(varargin) < 2, n1 = 0;
 else n1 = varargin{2};

```
    end
    s1 = varargin{1};
    range = chkrange(range, s1);
    n1 = chkn(n1, s1);
    numSignals = size(n1, 2);
    rows = floor(sqrt(numSignals));
    columns = ceil(sqrt(numSignals));
while (rows * columns < numSignals)
    columns = columns + 1;
end
switch style
case {'', 'bar'}
for i = 1:numSignals,
        subplot(rows, columns, i);
        hist(s1(n1(i), range), bins);
        title(int2str(n1(i)));
        drawnow;
end
case 'line'
for i = 1:numSignals,
        subplot(rows, columns, i);
        [Y, X] = hist(s1(n1(i), range), bins);
        plot(X, Y);
        title(int2str(n1(i)));
        drawnow;
end
otherwise
```

```
        fprintf('Unknown style.\n')
end
case 'scatter'
if length(varargin) < 4, error('Not···
    enough arguments.');
end
if length(varargin) < 9, markerstr = '.';
  else markerstr = varargin{9};
  end
if length(varargin) < 8, ylabelstr = ···
    'Signal 2';
  else ylabelstr = varargin{8};
  end
if length(varargin) < 7, xlabelstr = ···
    'Signal 1';
  else xlabelstr = varargin{7};
  end
if length(varargin) < 6, titlestr = '';
  else titlestr = varargin{6};
  end
if length(varargin) < 5, range = 0;
  else range = varargin{5};
  end
  n2 = varargin{4};
  s2 = varargin{3};
  n1 = varargin{2};
  s1 = varargin{1};
```

```
        range = chkrange(range, s1);
        n1 = chkn(n1, s1);
        n2 = chkn(n2, s2);
        rows = size(n1, 2);
        columns = size(n2, 2);
    for r = 1:rows
    for c = 1:columns
            subplot(rows, columns, (r-1)*...
                    columns + c);
            plot(s1(n1(r), range), s2(n2(c),... range), markerstr);
                if (~isempty(titlestr))
      title(titlestr);
    end
    if (rows * columns == 1)
      xlabel(xlabelstr);
      ylabel(ylabelstr);
    else
    xlabel([xlabelstr '(' int2str(n1...
                    (r)) ')']);
    ylabel([ylabelstr ' (' int2...
                    str(n2(c)) ')']);
    end
            drawnow;
    end
    end
    case {'compare', 'sum', 'sumerror'}
    if length(varargin) < 4, error('Not ...
```

```
       enough arguments.');
    end
if length(varargin) < 9, s2label = 'IC';
    else s2label = varargin{9};
    end
if length(varargin) < 8, s1label = 'Mix';
    else s1label = varargin{8};
    end
if length(varargin) < 7, titlestr = '';
    else titlestr = varargin{7};
    end
if length(varargin) < 6, xrange = 0;
    else xrange = varargin{6};
    end
if length(varargin) < 5, range = 0;
    else range = varargin{5};
    end
    s1 = varargin{1};
    n1 = varargin{2};
    s2 = varargin{3};
    n2 = varargin{4};
    range = chkrange(range, s1);
    xrange = chkxrange(xrange, range);
    n1 = chkn(n1, s1);
    n2 = chkn(n2, s2);
    numSignals = size(n1, 2);
if (numSignals > 1)
```

```
        externalLegend = 1;
else
        externalLegend = 0;
end
    rows = floor…
        (sqrt(numSignals+externalLegend));
    columns = ceil…
        (sqrt(numSignals+externalLegend));
while (rows * columns <…
        (numSignals+externalLegend))
    columns = columns + 1;
end
    clf;
for j = 1:numSignals
    subplot(rows, columns, j);
switch mode
case 'compare'
        plotcompare(s1, n1(j), s2,n2, …
                    range, xrange);[legendtext,legendstyle] = leg-
                    endcompare…
            (n1(j),n2,s1label,…
        s2label,externalLegend);
case 'sum'
        plotsum(s1, n1(j), s2,n2, …
                    range, xrange);  [legendtext,legendstyle]=legend-
                    sum…
                    (n1(j),n2,s1label,s2label…
```

附錄 215

```
                  ,externalLegend);
case 'sumerror'
          plotsumerror(s1, n1(j), s2,n2,…
                      range, xrange);    [legendtext,legendstyle] =
                      legendsumerror…
                      (n1(j),n2,s1label,…
                      s2label,externalLegend);
end
if externalLegend
          title([titlestr '(' s1label "… int2str(n1(j))')']);
else
          legend(char(legendtext));
if (~isempty(titlestr))
       title(titlestr);
end
end
end
if (externalLegend)
       subplot(rows, columns, numSignals+1);
       legendsize = size(legendtext, 2);
       hold on;
for i=1:legendsize
          plot([0, 1],[legendsize-i…
          legendsize-i], char(legendstyle(i)));
          text(1.5, legendsize-i,…
             char(legendtext(i)));
end
```

```
        hold off;
        axis([0,6 -1 legendsize]);
        axis off;
    end
end
%%%%%%%%%%%%%%%%%%%%%%%%%%%%%%
function plotcompare(s1, n1, s2, n2,...
                    range, xrange);
    style = getStyles;
    K = regress(s1(n1,:)',s2');
    plot(xrange, s1(n1,range), char(style(1)));
    hold on
for i = 1:size(n2,2)
        plotstyle = char(style(i+1));
        plot(xrange, K(n2(i)) * s2(n2(i),...
            range), plotstyle);
end
    hold off
%%%%%%%%%%%%%%%%%%%%%%%%%%%%%%
function [legendText, legendStyle] = legendcompare(n1, n2, s1l,...
            s2l, externalLegend);
    style = getStyles;
if (externalLegend)
legendText(1) = {[s1l '(see the titles)']};
else
        legendText(1) = {[s1l '', int2str(n1)]};
end
```

```
    legendStyle(1) = style(1);
for i = 1:size(n2, 2)
    legendText(i+1) = {[s2l ''… int2str(n2(i))]};
    legendStyle(i+1) = style(i+1);
end
%%%%%%%%%%%%%%%%%%%%%%%%%%%%%%%
function plotsum(s1, n1, s2, n2, …
                 range, xrange);
  K = diag(regress(s1(n1,:)',s2'));
  sigsum = sum(K(:,n2)*s2(n2,:));
  plot(xrange, s1(n1, range),'k-', …
           xrange, sigsum(range), 'b-');
%%%%%%%%%%%%%%%%%%%%%%%%%%%%%
function [legendText, legendStyle] = legendsum(n1, n2, s1l, …
         s2l, externalLegend);
if (externalLegend)
    legendText(1) = {[s1l '(see the titles)']};
else
    legendText(1) = {[s1l '', int2str(n1)]};
end
    legendText(2) = {['Sum of ' s2l ': ',… int2str(n2)]};
    legendStyle = {'k-';'b-'};
%%%%%%%%%%%%%%%%%%%%%%%%%%%%%
function plotsumerror(s1, n1, s2, n2, …
                 range, xrange);
  K = diag(regress(s1(n1,:)',s2'));
  sigsum = sum(K(:,n2)*s2(n2,:));
```

```
    plot(xrange, s1(n1, range),'k-', xrange,…
sigsum(range), 'b-',xrange, s1(n1,…
        range)-sigsum(range), 'r-');
%%%%%%%%%%%%%%%%%%%%%%%%%%%%
function [legendText, legendStyle] = legendsumerror(n1, n2, s11,…
            s21, externalLegend);
if (externalLegend)
    legendText(1) = {[s11 '(see the titles)']};
else
    legendText(1) = {[s11 '', int2str(n1)]};
end
    legendText(2) = {['Sum of ' s21 ': ',… int2str(n2)]};
    legendText(3) = {'" Error"'};
    legendStyle = {'k-';'b-';'r-'};
%%%%%%%%%%%%%%%%%%%%%%%%%%%%
function style = getStyles;
    color = {'k','r','g','b','m','c','y'};
    line = {'-',':','.','--'};
for i = 0:size(line,2)-1
for j = 1:size(color, 2)
        style(j + i * size(color, 2)) = … strcat(color(j), line(i+
1));
end
end
%%%%%%%%%%%%%%%%%%%%%%%%%%%%
function range = chkrange(r, s)
if r == 0
```

附録 219

```
    range = 1:size(s, 2);
else
    range = r;
end
%%%%%%%%%%%%%%%%%%%%%%%%%%%%%
function xrange=chkxrange(xr,r);
if xr = = 0
    xrange = r;
elseif size(xr, 2) = = 2
    xrange =r(1):(xr(2)-xr(1))/(size(r,2)···
        -1):xr(2);
elseif size(xr, 2) ~ =size(r, 2)
    error('Xrange and range have ···
        different sizes.');
else
    xrange = xr;
end
%%%%%%%%%%%%%%%%%%%%%%%%%%%%%
function n=chkn(n,s)
if n = = 0
    n = 1:size(s, 1);
end
%%%%%%%%%%%%%%%%%%%%%%%%%%%%%
%%%%%%%%%%%%%%%%%%%%%%%%%%%%%
function [E, D] = pcamat(vectors, firstEig,···
        lastEig, s_interactive, s_verbose);
%PCAMAT - Calculates the pca for data
```

```
% Default values:
if nargin < 5, s_verbose = 'on'; end
if nargin < 4, s_interactive = 'off'; end
if nargin < 3, lastEig = size(vectors, 1); end
if nargin < 2, firstEig = 1; end
% Check the optional parameters;
switch lower(s_verbose)
case 'on'
    b_verbose = 1;
case 'off'
    b_verbose = 0;
otherwise
    error(sprintf('Illegal value [ %s] for…
      parameter: "verbose "\n',s_verbose));
end
switch lower(s_interactive)
case 'on'
    b_interactive = 1;
case 'off'
    b_interactive = 0;
case 'gui'
    b_interactive = 2;
otherwise
    error(sprintf ('Illegal value [ %s] for…
            parameter: "interactive "\n',…
            s_interactive));
end
```

```
oldDimension = size (vectors, 1);
if ~ (b_interactive)
if lastEig < 1 | lastEig > oldDimension
    error( sprintf('Illegal value [%d] for ….
    parameter: "lastEig "\n', lastEig));
end
if firstEig < 1 | firstEig > lastEig
    error( sprintf('Illegal value [%d] for…
    parameter: "firstEig "\n', firstEig));
end
end
% Calculate PCA
% Calculate the covariance matrix.
if b_verbose, fprintf ('Calculating covariance…\n'); end
covarianceMatrix = cov(vectors', 1);
% Calculate the eigenvalues and eigenvectors
%of covariance matrix.
[E, D] = eig (covarianceMatrix);
rankTolerance = 1e-7;
maxLastEig = sum (diag (D) > rankTolerance);
if maxLastEig == 0,
    fprintf ( ['Eigenvalues of the covariance… matrix are " all smaller than tolerance …
[ %g ].\n "Please make sure that your data…
matrix contains " nonzero values.\nIf the…
values are very small," try rescaling the…
data matrix.\n'], rankTolerance);
```

```
        error('Unable to continue, aborting.');
end
% Sort the eigenvalues - decending.
eigenvalues = flipud(sort(diag(D)));
% Interactive part - command-line
if b_interactive == 1
% Show the eigenvalues to the user
    hndl_win=figure;
    bar(eigenvalues);
    title('Eigenvalues');
    areValuesOK=0;
while areValuesOK == 0
       firstEig = input('The index of the… largest eigenvalue to keep?
(1) ');
       lastEig = input(['The index of the… smallest eigenvalue to
keep? ('…
int2str(oldDimension) ') ']);
if isempty(firstEig), firstEig = 1;end
if isempty(lastEig), lastEig =… oldDimension;end
       areValuesOK = 1;
if lastEig < 1 | lastEig > oldDimension
           fprintf('Illegal number for the last… eigenvalue.\n');
           areValuesOK = 0;
end
if firstEig < 1 | firstEig > lastEig
           fprintf('Illegal number for the …
               first eigenvalue.\n');
```

```
                areValuesOK = 0;
    end
end
    close(hndl_win);
end
if b_interactive == 2
    hndl_win = figure('Color',[0.8,0.80.8],…
'PaperType','a4letter',…
'Units','normalized',…
'Name','FastICA: Reduce… dimension','NumberTitle','…
            off','Tag','f_eig');
    h_frame = uicontrol('Parent', dl_win,…
            'BackgroundColor',[0.701961…
            0.701961,0.701961],'Units',…
            'normalized','Position',…
            [0.13,0.05,0.775,0.17],…
'Style','frame','Tag','f_frame');
b = uicontrol('Parent',hndl_win,…
'Units','normalized',…'BackgroundColor',[0.701961…
0.701961,0.701961],…
'HorizontalAlignment','left',…
'Position',[0.142415,0.0949436… 0.712077,0.108507],…
    'String','Give the indices of the… largest and smallest eigenvalues
of the …
    covariance matrix to be included in the…
      reduced data.',   'Style','text',…
'Tag','StaticText1');
```

```
e_first = uicontrol('Parent',hndl_win,…
'Units','normalized','Callback',[…
    'f=round(str2num(get(gcbo,"String'…
    ')));"if (f < 1), f=1; end;'…'l=str2num(get(findobj("Tag'
','"…
    e_last"),"String"));'…
'if (f > 1), f=1; end;'…
'set(gcbo,"String",int2str(f));'…
],'BackgroundColor',[1, 1 1],…
'HorizontalAlignment','right',…
    'Position',[0.284831, 0.0678168 …
    0.1220, 0.0542535],'Style','edit',…
'String', '1','Tag','e_first');
b = uicontrol('Parent',hndl_win, …
'Units','normalized', …
    'BackgroundColor',[0.701961, 0.701961… 0.701961],    'Horizontal Alignment','…
    left',    'Position',[0.142415 …
    0.0678168, 0.12207, 0.0542535],…
    'String','Range from',    'Style','…
    text','Tag','StaticText2');
e_last = uicontrol('Parent',hndl_win, …
'Units','normalized','Callback',[…
'l=round(str2num(get(gcbo, …
    "String")));"lmax = get(gcbo, …
    "UserData");"if (l > lmax), …
    l=lmax; fprintf(["The selected…
```

value was too large, or the ⋯

selected eigenvalues were close ⋯

to zero\n"]); end;"f=str2num⋯

(get(findobj("Tag","e_first"),⋯"String"));"if(1 < f),

l=f;⋯

end;"set(gcbo,"String",⋯int2str(1));'],⋯

'BackgroundColor',[1, 1 1],..

'HorizontalAlignment','right',⋯

'Position',[0.467936, 0.0678168 ⋯

0.12207, 0.0542535],'Style','edit',⋯

'String', int2str(maxLastEig),⋯

'UserData', maxLastEig,'Tag','e_last');

b = uicontrol('Parent',hndl_win,'Units',⋯

'normalized', 'BackgroundColor',[⋯

0.701961, 0.701961, 0.701961],⋯

'HorizontalAlignment','left', ⋯

'Position',[0.427246, 0.0678168⋯0.0406901, 0.0542535], 'String

',' to ',⋯

'Style','text', 'Tag','StaticText3');

b = uicontrol('Parent',hndl_win, ⋯

'Units','normalized', ⋯

'Callback','uiresume(gcbf)',⋯

'Position',[0.630697, 0.0678168 ⋯

0.12207, 0.0542535], 'String',' OK ',⋯

'Tag','Pushbutton1');

b = uicontrol('Parent',hndl_win,'Units',⋯

'normalized', 'Callback',[⋯

```
        'gui_help("pcamat");'],...
           'Position',[0.767008, 0.0678168...
           0.12207, 0.0542535],'String','Help',...
    'Tag','Pushbutton2');
       h_axes = axes('Position',[0.13, 0.3, 0.775, 0.6]);
       set(hndl_win,'currentaxes',h_axes);
       bar(eigenvalues);
       title('Eigenvalues');
       uiwait(hndl_win);
       firstEig = str2num(get(e_first,'String'));
       lastEig = str2num(get(e_last,'String'));
       close(hndl_win);
    end
    if lastEig > maxLastEig
       lastEig = maxLastEig;
    if b_verbose
    fprintf('Dimension reduced to %d ...
       due tothe singularity of covariance... matrix\n',lastEig-firstEig+
    1);
    end
else
% Reduce the dimensionality of the
    %problem.
    if b_verbose
       if oldDimension == (lastEig -...
                     firstEig + 1)
          fprintf ('Dimension not reduced.\n');
```

```
else
        fprintf('Reducing dimension...\n');
    end
  end
end
if lastEig < oldDimension
    lowerLimitValue = (eigenvalues...
    (lastEig) + eigenvalues(lastEig + 1))/2;
else
    lowerLimitValue = ...eigenvalues(oldDimension) - 1;
end

lowerColumns = diag(D) > lowerLimitValue;
if firstEig > 1
    higherLimitValue = (eigenvalues(...
        firstEig- )+eigenvalues(firstEig))/2;
else
    higherLimitValue = eigenvalues(1) + 1;
end
higherColumns = diag(D) < higherLimitValue;
% Combine the results from above
selectedColumns = lowerColumns & higherColumns;
if b_verbose
    fprintf('Selected [ %d ] dimensions.\n',... sum(selectedColumns));
end
if sum(selectedColumns) ~= (lastEig -...firstEig + 1)
```

```matlab
    error ('Selected a wrong number of… dimensions.');
end
if b_verbose
    fprintf ('Smallest remaining (non-…
            zero) eigenvalue [ %g ]\n', eigenvalues(lastEig));
    fprintf ('Largest remaining (non-…
            zero) eigenvalue [ %g ]\n', eigenvalues(firstEig));
    fprintf ('Sum of removed eigenvalues…
            [ %g ]\n', sum(diag(D)) .* …
(~selectedColumns)));
end
% Select the colums which correspond to the
%desired range of eigenvalues.
E = selcol(E, selectedColumns);
D = selcol(selcol(D, selectedColumns)',… selectedColumns);
if b_verbose
    sumAll = sum(eigenvalues);
    sumUsed = sum(diag(D));
    retained = (sumUsed / sumAll) * 100;
    fprintf('[ %g ] %% of (non-zero) …
eigenvalues retained.\n', retained);
end


%%%%%%%%%%%%%%%%%%%%%%%%%%%%%%
%Selects the columns of the matrix that
%marked by one in the given vector.
function newMatrix = selcol(oldMatrix,… maskVector);
```

```
if size( maskVector, 1) ~ = size( oldMatrix, 2),
    error ('The mask vector and matrix are …
        of uncompatible size.');
end
numTaken = 0;
for i = 1 : size (maskVector, 1),
if maskVector(i, 1) = = 1,
    takingMask(1, numTaken + 1) = i;
    numTaken = numTaken + 1;
end
end
newMatrix = oldMatrix( : , takingMask);
```

%%%%%%%%%%%%%%%%%%%%%%%%%%%%%%%%
%REMMEAN - remove the mean from vectors
```
function [newVectors, meanValue] = … remmean(vectors);
newVectors = zeros (size (vectors));
meanValue = mean (vectors')';
newVectors = vectors - meanValue * ones … (1, size (vectors, 2));
```

%%%%%%%%%%%%%%%%%%%%%%%%%%%%%%
```
function [newVectors, whiteningMatrix, dewhiteningMatrix] = whitenv …
    (vectors, E, D, s_verbose);
if nargin < 4, s_verbose = 'on'; end
    switch lower(s_verbose)
```

```
    case 'on'
        b_verbose = 1;
    case 'off'
        b_verbose = 0;
    otherwise
        error(sprintf('Illegal value [ %s ] for…
            parameter: "verbose "\n', s_verbose));
end
if any(diag(D) < 0),
    error(sprintf(['[ %d ] negative… eigenvalues computed from the '…
        ' covariance matrix.\nThese are …
            due to rounding " errors in…
                MatJab (the correct eigenvalues… are \n " probably very small ).\…
                nTo correct the situation,'…
        ' please reduce the number of…
            dimensions in the " data\nby using…
the " lastEig " argument in '…
' function FASTICA, or " Reduce…
        dim." button\nin " the graphicauser…
        interface.'],sum(diag(D) < 0)));
end
whiteningMatrix = inv(sqrt(D)) * E';
dewhiteningMatrix = E * sqrt(D);
if b_verbose, fprintf('Whitening…\n'); end
newVectors = whiteningMatrix * vectors;
```

```
if ~isreal(newVectors)
    error ('Whitened vectors have imaginary...
            values.');
end
if b_verbose
    fprintf ('Check: covariance differs from...
             identity by [ %g ].\n', ...
max (max (abs (cov (newVectors', ...
        1)-eye(size(newVectors,1)))))));
end
%%%%%%%%%%%%%%%%%%%%%%%%%%%%%%%
function [sig,mixedsig] = demosig();
% Returns artificially generated test
%signals, sig, and mixedsignals,
% mixedsig. Signals are row vectors of
% matrices. Input mixedsig to FastICA
% to see how it works.
N=500;
v=[0:N-1];
sig=[];
sig(1,:)= sin(v/2);
sig(2,:)= ((rem(v,23)-11)/9).^5;
sig(3,:)= ((rem(v,27)-13)/9);
sig(4,:)= ((rand(1,N)<.5) *2-1).*log...
          (rand(1,N));
for t=1:4
sig(t,:)= sig(t,:)/std(sig(t,:));
```

```
end
%remove mean (not really necessary)
[sig mean] = remmean(sig);
%create mixtures
Aorig = rand(size(sig,1));
mixedsig = (Aorig * sig);
%%%%%%%%%%%%%%%%%%%%%%%%%%%%%%%%%
function dispsig(signalMatrix, range, titlestr);
fprintf('\nNote: DISPSIG is deprecated! …
        Please use ICAPLOT.\n');
if nargin < 3, titlestr = ''; end
if nargin < 2, range = 1:…
        size(signalMatrix, 1); end
icaplot('dispsig',signalMatrix',0,range,…
        range,titlestr);
```

(4) 多次波分離主要函數

```
%Ricker 子波 b(t),延續 100 毫秒
f = 35;
M = 1.5;
a = 2 * f * f * log(M);
t = 0:0.001:0.1;
c = -a.*t.*t;
B = 2.7.^c.*sin(2*pi*f*t);
figure
plot(B)
save B
```

%%%%%%%%%%%%%%%%%%%%%%%%%%%%%%
%合成地震記錄
figure
x = 50;
h1 = 800;
v1 = 1800;
n = 100;
t1 = zeros(1,n);
for i = 1:n   t1(i) = sqrt(((100+(i−1)∗x)/2)∗((100+(i−1)⋯
        ∗x)/2)+h1∗h1)/v1;
end
t1 = 1000∗t1;
t1 = floor(t1);

A1 = zeros(4500,n);
d = 4∗(rand(1,3)−0.5);
for i = 1:n
    A1(t1(i)−1,i) = d(1);
    A1(t1(i),i) = d(2);
    A1(t1(i)+1,i) = d(3);
end
A = 0.1∗(rand(size(A1))−0.5);
A1 = A1+A;
for i = 1:100
plot(A1(:,i)+(i−1)∗2,'k');
hold on
end

```
t2 = zeros(1,n);
for i = 1:n
    t2(i) = 2 * sqrt(((100+(i-1)*x)/4) * ((100+…
    (i-1)*x)/4)+h1*h1)/v1;
end
t2 = 1000 * t2;
t2 = floor(t2);
A2 = zeros(4500,n);
d = 2 * (rand(1,3)-0.5);
for i = 1:n
    A2(t2(i)-1,i) = d(1);
    A2(t2(i),i) = d(2);
    A2(t2(i)+1,i) = d(3);
end
A2 = A2+A;
for i = 1:100
plot(A2(:,i)+(i-1)*2,'k');
hold on
end
e = 0.1;
p = 1;
h2 = 1350;
v2 = 4500;
for i = 1:n
    b = [0,(100+(i-1))*x/2];
    while p = = 1   f(1) = (((100+(i-1)*x)/2-b(1)) * ((100…
+(i-1)*x)/2-b(1)) * (b(1)*b(1)+h…
```

$2*h2))/((((100+(i-1)*x)/2-b(1)\cdots$
$)*(((100+(i-1)*x)/2-b(1))+h1*h\cdots$
$1))*b(1)*b(1))-18*18/(25*25)$
$\qquad f(2)=(((100+(i-1)*x)/2-b(2))*((100\cdots$
$+(i-1)*x)/2-b(2))*(b(2)*b(2)+h\cdots$
$2*h2))/((((100+(i-1)*x)/2-b(2)\cdots$
$)*(((100+(i-1)*x)/2-b(2))+h1*h\cdots$
$1))*b(2)*b(2))-18*18/(25*25)$
if f(1)*f(2)<0
$\qquad\qquad b0=(b(1)+b(2))/2;$
$f0=(((100+(i-1)*x)/2-b0)*((100+(i-1)\cdots$
$\qquad *x)/2-b0)*(b0*b0+h2*h2))/((((100\cdots$
$+(i-1)*x)/2-b0)*(((100+(i-1)*x)/2\cdots$
$-b0)+h1*h1))*b0*b0)-18*18/(25*25)$
if f(1)*f0<0
$\qquad\qquad b(1)=b(1);$
$\qquad\qquad b(2)=(b(1)+b(2))/2;$
end
if f(2)*f0<0
$\qquad\qquad b(1)=(b(1)+b(2))/2;$
$\qquad\qquad b(2)=b(2);$
end
if abs(f(1)-f(2))<e
$\qquad\qquad p=0;$
$\qquad\qquad bb=(b(1)+b(2))/2;$
end
end

end
$\quad$ aa=(100+(i-1)*x)/2-bb;
$\quad$ t3(i)=sqrt(aa*aa+h1*h1)/v1+sqrt(bb*⋯
$\quad\quad$ bb+h2*h2)/v2;
end
t3=1000*t3;
t3=floor(t3);
A3=zeros(4500,n);
d=4*(rand(1,3)-0.5);
for i=1:n
$\quad$ A3(t3(i)-1,i)=d(1);
$\quad$ A3(t3(i),i)=d(2);
$\quad$ A3(t3(i)+1,i)=d(3);
end
A3=A3+A;
for i=1:100
plot(A3(:,i)+(i-1)*2,'k');
hold on
end
for i=1:n
$\quad$ b=[0,(100+(i-1))*x/4];
$\quad$ while p==1   f(1)=(((100+(i-1)*x)/4-b(1))*
((100+(i⋯
$\quad$ -1)*x)/4-b(1))*(b(1)*b(1)+h2*h2))/⋯
$\quad$ ((((100+(i-1)*x)/4-b(1))*(((100+(⋯
$\quad$ i-1)*x)/4-b(1))+h1*h1))*b(1)*b(1))⋯
$\quad$ -18*18/(25*25)   f(2)=(((100+(i-1)*x)/4-b

(2))*((100+⋯
　　(i-1)*x)/4-b(2))*(b(2)*b(2)+h2*h2⋯
　　))/((((100+(i-1)*x)/4-b(2))*(((100⋯
　　+(i-1)*x)/4-b(2))+h1*h1))*b(2)*b(2)⋯
　　)-18*18/(25*25)
if f(1)*f(2)<0
　　　　　b0=(b(1)+b(2))/2;
f0=(((100+(i-1)*x)/4-b0)*((100+(i-1)⋯
x)/4-b0)(b0*b0+h2*h2))/((((100+(i-1)⋯
x)/4-b0)(((100+(i-1)*x)/4-b0)+h1*h1))⋯
*b0*b0)-18*18/(25*25)
if f(1)*f0<0
　　　　　b(1)=b(1);
　　　　　b(2)=(b(1)+b(2))/2;
end
if f(2)*f0<0
　　　　　b(1)=(b(1)+b(2))/2;
　　　　　b(2)=b(2);
end
if abs(f(1)-f(2))<e
　　　　　p=0;
　　　　　bb=(b(1)+b(2))/2;
end
end
end
　　aa=(100+(i-1)*x)/2-bb;
　　t4(i)=2*sqrt(aa*aa+h1*h1)/v1+2*sqrt(bb⋯

```
            *bb+h2*h2)/v2;
end
t4=1000*t4;
t4=floor(t4);
A4=zeros(4500,n);
d=2*(rand(1,3)-0.5);
for i=1:n
    A4(t4(i)-1,i)=d(1);
    A4(t4(i),i)=d(2);
    A4(t4(i)+1,i)=d(3);
end
A4=A4+A;
for i=1:100
plot(A4(:,i)+(i-1)*2,'k');
hold on
end
AA=A1+A2+A3+A4;
figure
for i=1:100
plot(AA(:,i)+(i-1)*2,'k');
hold on
end
save AA
%%%%%%%%%%%%%%%%%%%%%%%%%%%%%%%%
%含噪分离程序
figure
x=50;
```

```
h1 = 800;
v1 = 1800;
n = 100;
t1 = zeros(1,n);
for i = 1:n
    t1(i)= sqrt(((100+(i-1)*x)/2)*((100+···
(i-1)*x)/2)+h1*h1)/v1;
end
t1 = 1000*t1;
t1 = floor(t1);
A1 = zeros(4500,n);
for i = 1:n
    A1(t1(i)-1,i)= 1;
    A1(t1(i),i)= 2;
    A1(t1(i)+1,i)= 1;
end
A = 0.2*(rand(size(A1))-0.5);
A1 = A1+A;
for i = 1:100
plot(A1(:,i)+(i-1)*2,'k');
hold on
end
t2 = zeros(1,n);
for i = 1:n
    t2(i)= 2*sqrt(((100+(i-1)*x)/4)*((100+···
        (i-1)*x)/4)+h1*h1)/v1;
end
```

```
t2 = 1000 * t2;
t2 = floor(t2);
A2 = zeros(4500,n);
for i = 1:n
    A2(t2(i)-1,i) = 0.4;
    A2(t2(i),i) = 0.8;
    A2(t2(i)+1,i) = 0.4;
end
A2 = A2+A;
for i = 1:100
plot(A2(:,i)+(i-1)*2,'k');
hold on
end
e = 0.1;
p = 1;
h2 = 1350;
v2 = 4500;
for i = 1:n
    b = [0,(100+(i-1))*x/2];
    while p == 1         f(1) = (((100+(i-1)*x)/2-b(1))*
((100+...
(i-1)*x)/2-b(1))*(b(1)*b(1)+h2*h2))...
/((((100+(i-1)*x)/2-b(1))*(((100+...
i-1)*x)/2-b(1))+h1*h1))*b(1)*b(1))...
-18*18/(25*25)         f(2) = (((100+(i-1)*x)/2-b
(2))*((100+...
(i-1)*x)/2-b(2))*(b(2)*b(2)+h2*h2))...
```

$$/((((100+(i-1)*x)/2-b(2))*(((100+(\cdots$$
$$i-1)*x)/2-b(2))+h1*h1))*b(2)*b(2))-\cdots$$
$$18*18/(25*25)$$

if f(1) * f(2)<0
$$b0=(b(1)+b(2))/2;$$
$$f0=(((100+(i-1)*x)/2-b0)*((100+(i-1)\cdots$$
$$*x)/2-b0)*(b0*b0+h2*h2))/((((100+(\cdots$$
$$i-1)*x)/2-b0)*(((100+(i-1)*x)/2-b0)\cdots$$
$$+h1*h1))*b0*b0)-18*18/(25*25)$$

if f(1) * f0<0
$$b(1)=b(1);$$
$$b(2)=(b(1)+b(2))/2;$$
end

if f(2) * f0<0
$$b(1)=(b(1)+b(2))/2;$$
$$b(2)=b(2);$$
end

if abs(f(1)-f(2))<e
$$p=0;$$
$$bb=(b(1)+b(2))/2;$$
end

end

end

$$aa=(100+(i-1)*x)/2-bb;$$
$$t3(i)=sqrt(aa*aa+h1*h1)/v1+sqrt(bb*bb\cdots$$
$$+h2*h2)/v2;$$

end

```
t3 = 1000 * t3;
t3 = floor(t3);
A3 = zeros(4500,n);
for i = 1:n
    A3(t3(i)-1,i) = 1;
    A3(t3(i),i) = 2;
    A3(t3(i)+1,i) = 1;
end
A3 = A3+A;
for i = 1:100
plot(A3(:,i)+(i-1)*2,'k');
hold on
end
for i = 1:n
    b = [0,(100+(i-1))*x/4];
    while p == 1        f(1) = (((100+(i-1)*x)/4-b(1))*
((100+···
(i-1)*x)/4-b(1))*(b(1)*b(1)+h2*h2))···
/((((100+(i-1)*x)/4-b(1))*(((100+(···
i-1)*x)/4-b(1))+h1*h1))*b(1)*b(1))···
-18*18/(25*25)        f(2) = (((100+(i-1)*x)/4-b
(2))*((100+(···
i-1)*x)/4-b(2))*(b(2)*b(2)+h2*h2))···
/((((100+(i-1)*x)/4-b(2))*(((100+(···
i-1)*x)/4-b(2))+h1*h1))*b(2)*b(2))······
18*18/(25*25)
if f(1)*f(2)<0
```

$$b0=(b(1)+b(2))/2;$$
$$f0=(((100+(i-1)*x)/4-b0)*((100+(i-1)*\cdots$$
$$x)/4-b0)*(b0*b0+h2*h2))/((((100+(i\cdots$$
$$-1)*x)/4-b0)*(((100+(i-1)*x)/4-b0)+\cdots$$
$$h1*h1))*b0*b0)-18*18/(25*25)$$

if f(1) * f0<0
$$b(1)=b(1);$$
$$b(2)=(b(1)+b(2))/2;$$
end

if f(2) * f0<0
$$b(1)=(b(1)+b(2))/2;$$
$$b(2)=b(2);$$
end

if abs(f(1)-f(2))<e
$$p=0;$$
$$bb=(b(1)+b(2))/2;$$
end
end
end
$$aa=(100+(i-1)*x)/2-bb;$$
$$t4(i)=2*sqrt(aa*aa+h1*h1)/v1+2*sqrt\cdots$$
$$(bb*bb+h2*h2)/v2;$$
end

t4 = 1000 * t4;

t4 = floor(t4);

A4 = zeros(4500, n);

for i = 1:n

```
        A4(t4(i)-1,i)= 0.4;
        A4(t4(i),i)= 0.8;
        A4(t4(i)+1,i)= 0.4;
end
A4 = A4+A;
for i = 1:100
plot(A4(:,i)+(i-1)*2,'k');
hold on
end
AA = A1+A2+A3+A4;
figure
for i = 1:100
plot(AA(:,i)+(i-1)*2,'k');
hold on
end
save AA
%%%%%%%%%%%%%%%%%%%%%%%%%%%
% 無噪分離程序:
x = 50;
h1 = 500;
v1 = 1500;
n = 100;
t1 = zeros(1,n);
for i = 1:n
    t1(i)= sqrt(((100+(i-1)*x)/2)*((100+···.
        (i-1)*x)/2)+h1*h1)/v1;
end
```

```
t1 = 1000 * t1;
t1 = floor(t1);
A1 = zeros(4500,n);
for i = 1:n
    A1(t1(i)-1,i) = 1;
    A1(t1(i),i) = 2;
    A1(t1(i)+1,i) = 1;
end
for i = 1:100
plot(A1(:,i)+(i-1)*2,'k');
hold on
end
t2 = zeros(1,n);
for i = 1:n
    t2(i) = 2*sqrt(((100+(i-1)*x)/4)*((100···
        +(i-1)*x)/4)+h1*h1)/v1;
end
t2 = 1000 * t2;
t2 = floor(t2);
A2 = zeros(4500,n);
for i = 1:n
    A2(t2(i)-1,i) = 0.4;
    A2(t2(i),i) = 0.8;
    A2(t2(i)+1,i) = 0.4;
end
for i = 1:100
plot(A2(:,i)+(i-1)*2,'k');
```

```
hold on
end
e=0.1;
p=1;
h2=1200;
v2=2400;
for i=1:n
    b=[0,(100+(i-1))*x/2];
    while p==1       f(1)=(((100+(i-1)*x)/2-b(1))*
((100+(...
i-1)*x)/2-b(1))*(b(1)*b(1)+h2*h2))/...
((((100+(i-1)*x)/2-b(1))*(((100+(...
i-1)*x)/2-b(1))+h1*h1))*b(1)*b(1))...
-18*18/(25*25)       f(2)=(((100+(i-1)*x)/2-b
(2))*((100+(...
i-1)*x)/2-b(2))*(b(2)*b(2)+h2*h2))/...
((((100+(i-1)*x)/2-b(2))*(((100+(...
i-1)*x)/2-b(2))+h1*h1))*b(2)*b(2))...
-18*18/(25*25)
if f(1)*f(2)<0
        b0=(b(1)+b(2))/2;f0=(((100+(i-1)*x)/2-
b0)*((100+(i-1)*x)...
    /2-b0)*(b0*b0+h2*h2))/((((100+(i-1)...
    *x)/2-b0)*(((100+(i-1)*x)/2-b0)+h1...
    *h1))*b0*b0)-18*18/(25*25)
if f(1)*f0<0
        b(1)=b(1);
```

```
                    b(2)=(b(1)+b(2))/2;
end
if f(2)*f0<0
                    b(1)=(b(1)+b(2))/2;
                    b(2)=b(2);
end
if abs(f(1)-f(2))<e
                    p=0;
                    bb=(b(1)+b(2))/2;
end
end
end
        aa=(100+(i-1)*x)/2-bb;
        t3(i)=sqrt(aa*aa+h1*h1)/v1+sqrt(bb*bb+⋯
            h2*h2)/v2;
end
t3=1000*t3;
t3=floor(t3);
A3=zeros(4500,n);
for i=1:n
        A3(t3(i)-1,i)=1;
        A3(t3(i),i)=2;
        A3(t3(i)+1,i)=1;
end
for i=1:100
plot(A3(:,i)+(i-1)*2,'k');
hold on
```

end
for i=1:n
    b=[0,(100+(i-1))*x/4];
    while p==1   f(1)=(((100+(i-1)*x)/4-b(1))*
((100+(…
i-1)*x)/4-b(1))*(b(1)*b(1)+h2*h2))/…
((((100+(i-1)*x)/4-b(1))*(((100+(…
i-1)*x)/4-b(1))+h1*h1))*b(1)*b(1))…
-18*18/(25*25)   f(2)=(((100+(i-1)*x)/4-b
(2))*((100+(…
i-1)*x)/4-b(2))*(b(2)*b(2)+h2*h2))/…
((((100+(i-1)*x)/4-b(2))*(((100+(…
i-1)*x)/4-b(2))+h1*h1))*b(2)*b(2))…
-18*18/(25*25)
if f(1)*f(2)<0
        b0=(b(1)+b(2))/2;
f0=(((100+(i-1)*x)/4-b0)*((100+(i-1)*x)…
   /4-b0)*(b0*b0+h2*h2))/((((100+(i-1)…
   x)/4-b0)(((100+(i-1)*x)/4-b0)+h1…
   *h1))*b0*b0)-18*18/(25*25)
if f(1)*f0<0
        b(1)=b(1);
        b(2)=(b(1)+b(2))/2;
end
if f(2)*f0<0
        b(1)=(b(1)+b(2))/2;
        b(2)=b(2);

```
            end
            if abs(f(1)-f(2))<e
                        p=0;
                        bb=(b(1)+b(2))/2;
            end
        end
    end
        aa=(100+(i-1)*x)/2-bb;
        t4(i)=2*sqrt(aa*aa+h1*h1)/v1+2*sqrt…
              (bb*bb+h2*h2)/v2;
end
t4=1000*t4;
t4=floor(t4);
A4=zeros(4500,n);
for i=1:n
    A4(t4(i)-1,i)=0.4;
    A4(t4(i),i)=0.8;
    A4(t4(i)+1,i)=0.4;
end
for i=1:100
plot(A4(:,i)+(i-1)*2,'k');
end
AA=A1+A2+A3+A4;
figure
for i=1:100
plot(AA(:,i)+(i-1)*2,'k');
hold on
```

```
end
save AA
DD=A2+A4;
figure
for i=1:100
plot(DD(:,i)+(i-1)*2,'k');
hold on
end
save DD
%Ricker 子波 b(t),延續 100 毫秒
f=35;
M=1.5;
a=2*f*f*log(M);
t=0:0.001:0.1;
c=-a.*t.*t;
B=2.7.^c.*sin(2*pi*f*t);
figure
plot(B)
save B
%卷積
[m1,n1]=size(AA);
[p1,q1]=size(B);
AAA=zeros(m1+q1-1,n1);
for i=1:n1
    x=conv(AA(:,i),B);
    AAA(:,i)=x;
end
```

```
save AAA
figure
for i = 1:n1
plot(AAA(:,i)+(i-1)*2,'k');
hold on
end
[m2,n2] = size(DD);
[p2,q2] = size(B);
DDD = zeros(m2+q2-1,n2);
for i = 1:n2
    x = conv(DD(:,i),B);
    DDD(:,i) = x;
end
save DDD
figure
for i = 1:n2
    plot(DDD(:,i)+(i-1)*2,'k');
    hold on
end
pause
%直接減去
DDD = 1.2*DDD;
AAA_AA = AAA-DDD;
figure
for i = 1:n2
    plot(AAA_AA(:,i)+(i-1)*2,'k');
    hold on
```

end
pause
%觀測信號
[m3,n3] = size(AAA);
[p3,q3] = size(DDD);
p = m3 * n3;
q = p3 * q3;
AAAA = zeros(1,p);
DDDD = zeros(1,q);
for i = 1:n3
    AAAA((i-1) * m3+1:m3 * i) = AAA(:,i);
end
for i = 1:n3
    DDDD((i-1) * p3+1:p3 * i) = DDD(:,i);
end
XX = zeros(2,p);
XX = [AAAA;DDDD];
%分離
[Out1, Out2, Out3] = fastica(XX);
%剖面恢復
DDDDD = zeros(m3,n3);
AAAAA = zeros(m3,n3),
H1 = Out1(1,:);
H2 = Out1(2,:);
for i = 1:n3
    K = H1((i-1) * m3+1:m3 * i);
    DDDDD(:,i) = K';

```
        K = H2((i-1)*m3+1:m3*i);
        AAAAA(:,i)= K';
end
DDDDD = DDDDD/max(max(DDDDD));
AAAAA = AAAAA/max(max(AAAAA));
figure
for i = 1:100
plot(AAAAA(:,i)+(i-1)*2,'k');
hold on
end
figure
for i = 1:100
plot(DDDDD(:,i)+(i-1)*2,'k');
hold on
end
```

2. 神經網絡物性參數分析主要程序

```
%BP 仿真主程序：
load D
D_D = D(:,1:113);
GR = D_D(1,:);
AC = D_D(2,:);
DEN = D_D(3,:);
CNL = D_D(4,:);
VSH = D_D(5,:);
POR = D_D(6,:);
PERM = D_D(7,:);
```

```
n1=6;%輸入向量的維數
n2=9;%設置網絡隱含層神經元數目 a=[ ]
echo on;
clc ;
% NEWFF——生成一個新的前向神經網絡
% TRAIN——對 BP 神經網絡進行訓練
% SIM——對 BP 神經網絡進行仿真
p=[GR;AC;DEN;CNL;VSH;POR];
t =PERM;
[pn,minp,maxp,tn,mint,maxt]= premnmx(p,t);
%   創建一個新的前向神經網絡
net=newff(minmax(pn),[n1,n2,1],{…
'tansig','logsig','purelin'},'trainlm');
%   當前輸入層權值和閾值
inputWeights=net.IW{1,1} ;
inputbias=net.b{1} ;
%   當前網絡層權值和閾值
layerWeights=net.LW{2,1};
layerbias=net.b{2} ;
pause ;
clc ;
%   設置訓練參數
net.trainParam.show = 50;
net.trainParam.lr = 0.05;
net.trainParam.mc = 0.9;
net.trainParam.epochs = 500;
net.trainParam.goal = 1e-3;
```

pause;

clc;

%　調用 TRAINGDM 算法訓練 BP 網絡

[net,tr] = train(net,pn,tn);

pause;

clc;

%　對 BP 網絡進行仿真

An = sim(net,pn);

A = postmnmx(An,mint,maxt);

%　計算仿真誤差

E = t − An

MSE = mse(E)

pause;

clc;

%訓練結果分析

figure

[m,b,r] = postreg(An,tn);

%yuce

D_Dnew = D(:,114:123);

GRnew = D_Dnew(1,:);

ACnew = D_Dnew(2,:);

DENnew = D_Dnew(3,:);

CNLnew = D_Dnew(4,:);

VSHnew = D_Dnew(5,:);

PORnew = D_Dnew(6,:);

pnew = [GRnew;ACnew;DENnew;CNLnew;⋯

　　　　VSHnew;PORnew];

```
pnewn = tramnmx(pnew,minp,maxp);
ynewn = sim(net,pnewn);
ynew = postmnmx(ynewn,mint,maxt);
FInew = D_Dnew(7,:);
%%%%%%%%%%%%%%%%%%%%%%%%%%%%%
%交會圖程序:
load H
H_H = H(:,1:131);
GR = H_H(1,:);
AC = H_H(2,:);
DEN = H_H(3,:);
CNL = H_H(4,:);
FI = H_H(6,:);
for i = 1:131
A_C(i) = (AC(i)-min(AC))/(max(AC)...
     -min(AC));
 D_EN(i) = (DEN(i)-min(DEN))/(max(DEN)...
      -min(DEN));        C_NL(i) = (CNL(i)-min
         (CNL))/(max(CNL)...
      -min(CNL));
 G_R(i) = (GR(i)-min(GR))/(max(CR)...
      -min(GR));
end
p = [G_R;A_C;D_EN;C_NL];
t = FI;
subplot(2,2,1),plot(p(2,:),FI,'.')
xlabel('AC')
```

```
ylabel('POR')
subplot(2,2,2),plot(p(3,:),FI,'.')
xlabel('DEN')
ylabel('POR')
subplot(2,2,3),plot(p(4,:),FI,'.')
xlabel('CNL')
ylabel('POR')
subplot(2,2,4),plot(p(1,:),FI,'.')
xlabel('GR')
ylabel('POR')
%%%%%%%%%%%%%%%%%%%%%%%%%%%%%%
%預測主程序:
H_Hnew=H(:,121:131);
GRnew=H_Hnew(1,:);
ACnew=H_Hnew(2,:);
DENnew=H_Hnew(3,:);
CNLnew=H_Hnew(4,:);
VSHnew=H_Hnew(5,:);
for i=1:11
A_Cnew(i)=(ACnew(i)-min(ACnew))…
        /(max(ACnew)-min(ACnew));
D_ENnew(i)=(DENnew(i)-min(DENnew))…
        /(max(DENnew)-min(DENnew));
C_NLnew(i)=(CNLnew(i)-min(CNLnew))…
        /(max(CNLnew)-min(CNLnew)); G_Rnew(i)=
        (GRnew(i)-min(GRnew))…
        /(max(GRnew)-min(GRnew));
```

$$V\_SHnew(i) = (VSHnew(i) - min(VSHnew)) \cdots$$
$$/(max(VSHnew) - min(VSHnew));$$
end
pnew = [G_Rnew;A_Cnew;D_ENnew;⋯
　　　　C_NLnew;V_SHnew];
ynew = sim(net,pnew);
Ynew = ynew(max(ynew) - min(ynew)) + min(ynew);
FInew = H_Hnew(6,:);

3. 相空間重構和支持向量機主要程序

（1）C-C 算法程序：

```
clf
x = load('up17-20.txt');
N = length(x);
maxLags = 15;%時間延遲的最大值
sigma = std(x);%標準差
for t = 1:maxLags
    s_t = 0;
    delt_s_s = 0;
for m = 2:5
        s_t1 = 0;
for j = 1:4
            r = sigma * j/2;
            %調用 disjoint 函數,將序列分
            %解成 t 個不相交的時間序列
            data_d = disjoint(x,N,t);
            [ll,N_d] = size(data_d);
```

```
                    s_t3 = 0;
for i = 1:t
                    Y = data_d(i,:);
                %計算 C(1,N_d,r,t)
                    C_1(i) = correlation_integral…
                        (Y,N_d,r);
                %相空間重構 X = reconstitution(Y,N_d,m,t);
 N_r = N_d-(m-1)*t;
%計算 C(m,N_r,r,t)
                    C_I(i) = correlation_int…
                        (X,N_r,m,r);
                    s_t3 = s_t3+(C_I(i)-C_1(i)^m);
end
                    s_t2(j) = s_t3/t;
                    s_t1 = s_t1+s_t2(j);
end
                    delt_s_m(m) = max(s_t2)-min(s_t2);
                    delt_s_s = delt_s_s+delt_s_m(m);    s_t0(m) = s_t1;
                    s_t = s_t+s_t0(m);
end
        S_mean(t) = s_t/16;
        delta_S_mean(t) = delt_s_s/4;
S_cor(t) = delta_S_mean(t)+abs(S_mean(t));end
m = 2;
tau = find(S_cor = = min(S_cor));
X = reconstitution(x,N,m,tau); M = N-(m-1)*tau;
plot(X(1,1:M),X(2,1:M));
```

```matlab
grid on;
xlabel('X(t)');
ylabel('X(t+tau)');
title('二維混沌吸引子圖');
disp(sprintf('optimal delay time …
        = %.4f',tau))
plot(delta_S_mean)
```
%%%%%%%%%%%%%%%%%%%%%%%%%%%%%%

（2）相空間重構主要函數：

```matlab
function C_I=correlation_int(X,M,m,r)
%計算時間序列的關聯積分
%X:是一個重構相空間,它是一個 m*M 的矩陣
%m:嵌入維數
%M:是 m 維空間嵌入點數的數目
%r:Heaviside 函數的半徑,
% 範圍是 sigma/2<r<2sigma
sum_H=0;
for i=1:M
for j=(i+1):M
for nn=1:m
            Z(nn)=X(nn,i)-X(nn,j);
end
        d=norm(Z,inf);
        %計算 heaviside 的值
        sita=heaviside(r,d);
        %求 heaviside 函數的累加和
        sum_H=sum_H+sita;
```

end

end

C_I = 2 * sum_H/(M*(M-1));%關聯積分值

%%%%%%%%%%%%%%%%%%%%%%%%%%

function C_I = correlation_integral(X,M,r)

%計算時間序列的 correlation integral

%X:是重構相空間,它是一個 m*M 矩陣

%M:m 維空間中嵌入點的數目

%r:Heaviside function 的半徑,

%範圍是 sigma/2<r<2sigma

sum_H = 0;

for i = 1:M

for j = (i+1):M

    d = norm(((X(i)-X(j)),inf);

    %計算 heaviside function 值

    sita = heaviside(r,d);

    %計算 Heaviside function 的累加和

    sum_H = sum_H+sita;

end

end

C_I = 2 * sum_H/(M*(M-1));%關聯積分的值

%%%%%%%%%%%%%%%%%%%%%%%%%%

function data_d = disjoint(data,N,t)

%將時間序列分拆為 t 個不相關的時間序列

%data:時間序列

%N:時間序列長度

%t:重構時延

```
data_d = [ ];
for i = 1 : t
for j = 1 : ( N/t )
        data_d( i, j ) = data( i+( j-1 ) * t ) ;
end
end
%%%%%%%%%%%%%%%%%%%%%%%%%
function sita = heaviside( r, d )
%求解 Heaviside function 的值
%r:Heaviside function 的半徑,
%範圍是 sigma/2<r<2sigma
%d:兩點間距離
if ( r-d ) < 0
    sita = 0 ;
else sita = 1 ;
end
%%%%%%%%%%%%%%%%%%%%%%%%%
function X = reconstitution( data, N, m, tau )
% phase space reconstruction )
% 輸入參數:data      混沌序列(列向量)
%           tau       重構時延
%           m         重構維數
%           M         相空間中的點數
% 輸出參數:X         相空間中的點序列
M = N-( m-1 ) * tau ;
Z = zeros( m, M ) ;
for i = 1 : m
```

　　　　Z(i,:)=data((1+(i-1)*tau):(M+(i-1)*tau));%重構相空間

end

X=Z;

%%%%%%%%%%%%%%%%%%%%%%%%%%

支持向量機程序：

X=[ ];　　%訓練數據 X 的值

Y=[ ];　　%訓練數據 Y 的值

gam = 100;　　%懲罰參數

sig2 = 0.02;　　%RBF 核函數的參數

type = ' function approximation ';

%計算模型參數取值

[alpha,b] = ⋯

　　trainlssvm({X,Y,type,gam,sig2,'⋯

　　　　RBF_kernel '});

Xt=[ ];　　%預測自變量 Xt

%預測因變量計算值 Yt

Yt = simlssvm({X,Y,type,gam,sig2,'⋯

　　　　RBF_kernel ',' preprocess '},⋯

　　　　{alpha,b},Xt); Yt1=[ ];

plot(Yt)

hold on

plot(Yt1,' ro ')

國家圖書館出版品預行編目(CIP)資料

現代數學方法在序列數據處理與解釋中的應用 / 劉誠 著. -- 第一版.
-- 臺北市：財經錢線文化出版：崧博發行，2018.12
　面；　公分
ISBN 978-957-680-310-9(平裝)
1.應用數學
319　　107019769

書　　名：現代數學方法在序列數據處理與解釋中的應用
作　　者：劉誠 著
發 行 人：黃振庭
出 版 者：財經錢線文化事業有限公司
發 行 者：崧博出版事業有限公司
E-mail：sonbookservice@gmail.com
粉絲頁　　　　　　　網　址：
地　　址：台北市中正區延平南路六十一號五樓一室
8F.-815, No.61, Sec. 1, Chongqing S. Rd., Zhongzheng
Dist., Taipei City 100, Taiwan (R.O.C.)
電　　話：(02)2370-3310　傳　真：(02) 2370-3210
總 經 銷：紅螞蟻圖書有限公司
地　　址：台北市內湖區舊宗路二段121巷19號
電　　話：02-2795-3656　傳真：02-2795-4100　網址：
印　　刷：京峯彩色印刷有限公司（京峰數位）

　　本書版權為西南財經大學出版社所有授權崧博出版事業有限公司獨家發行電子書及繁體書繁體版。若有其他相關權利及授權需求請與本公司聯繫。

定價：550元
發行日期：2018 年 12 月第一版
◎ 本書以POD印製發行